看案例·学植物设计
花 卉

盛永利 林丽琴 陈建业 编著

U0334167

机械工业出版社
CHINA MACHINE PRESS

本丛书是专门为景观设计师打造的一套植物设计应用图书，分为乔木、灌木、花卉三个分册。本册精选了 72 种常见花卉，分别介绍其类别、属性、生长特点以及设计应用。在介绍相关知识的同时，配以大量精美的照片，形象直观，具有较高的审美价值和参考价值，可以作为设计师的常备手册。

图书在版编目（CIP）数据

看案例·学植物设计. 花卉 / 盛永利，林丽琴，陈建业编著. -- 北京 ：机械工业出版社，2011.9
ISBN 978-7-111-35968-5

Ⅰ. ①看… Ⅱ. ①盛… ②林… ③陈… Ⅲ. ①花卉－园林植物－景观－园林设计－图解 Ⅳ. ①TU986.2-64

中国版本图书馆CIP数据核字(2011)第195110号

机械工业出版社（北京市百万庄大街22号　邮政编码100037）
责任编辑：张荣荣　　　　责任印制：乔　宇
北京画中画印刷有限公司印刷
2012年8月第1版第1次印刷
168mm x 230mm　11.5印张　245千字
标准书号：ISBN 978-7-111-35968-5
定价：79.00 元

凡购本书，如有缺页、倒页、脱页，由本社发行部调换
电话服务　　　　　　　　网络服务
社服务中心：(010) 88361066　　教材网：http://www.cmpedu.com
销 售 一 部：(010) 68326294　　机工官网：http://www.cmpbook.com
销 售 二 部：(010) 88379649　　机工官博：http://weibo.com/cmp1952
读者购书热线：(010) 88379203　　封面无防伪标均为盗版

正是源于自然的设计精神，

才使我们游走于植物与设计之间，感到无限的乐趣和精彩。

|序言|

源于自然的设计精神

　　谈到植物设计，我一直认为有许多的设计可能和表达方式，传统的林业院校开设园林植物专业，将更多的教学重点停留在植物的科属识别及习性养护等层面，城市规划、建筑设计、景观设计等专业又很少开设植物设计课程，面对真实的项目进行实际操作时，植物设计又是项目不可或缺的重要部分。作为设计师，我们在探寻设计的多元性和可能性的同时，也希望把多年来的资料积累与实操经验与大家分享。

　　2009年初，通过和机械工业出版社的合作，《图解景观植物设计》一套三本图书得以面世。在两年的时间里图书重印了4次，我也收到很多读者发来的邮件，共同品味植物世界的精彩与美好，探讨创新植物设计的方式与可能。图书是作者与读者的互动媒介，《看案例·学植物设计》系列图书正是在读者的鼓舞下才有面世的机缘。同时也希望本套图书能给学习植物设计的同行以更多的帮助。

　　在一定意义上，《看案例·学植物设计》是上套图书的优化和提升，在编写的过程中首先把图书的核心价值定位为"看案例学设计"层面，希望重点在于用案例说话、用图像表达植物设计。此次图书的设计也做了很大的艺术创新，外套书皮很巧妙地设计成植物图谱挂图，一目

了然的图谱将提高设计师的学习和工作效率。内容也进行了精选和优化，模块化的读图版式设计，更便于随时阅读与查阅。厚度做了节约化设计，增强了方便携带的功能性和手感的舒适性。不间断的创新与努力，只希望能创造出一套经济实用的植物设计学习指导手册。

图书的出版离不开集体的努力，感谢读者的鼓励与支持；感谢机械工业出版社编辑张荣荣的督导和包容；感谢盛誉和杨小兰，她们是我信心的源泉；感谢北大吴必虎教授及 BES 大地风景集团和读道创意众多规划设计师的支持和协助，他们是林丽琴、姜林林、陈建业、祝文、栾振锋、赵永忠、张立杰、袁功勇。

正是源于自然的设计精神，才使我们游走于植物与设计之间，感到无限的乐趣和精彩。

盛永利

|目录|

序言

花卉

|翠菊|

名　称: 翠菊
别　名: 五月菊、江西腊、蓝菊
拉丁名: *Callistephus chinensis*
科　属: 菊科 翠菊属

识别

一、二年生，茎直立，分枝多，按株高分类有：高型（50~100cm）、中型（30~40cm）、矮型（15~30cm），叶互生，中部叶匙形、卵形至长圆形，上部叶渐小，长椭圆形至倒披针形，缘有粗钝锯齿，下部叶有柄，上部叶无柄。头状花序单生枝顶，径3~15cm，花色有白、黄、橙、蓝、紫红、粉红等多种颜色，花期长。

生长习性

喜光，耐寒性不强，不耐酷热，喜排水良好区域生长。

1　1. 花特写
2　2. 花丛景观

观赏花卉

翠菊品种多，类型丰富，花色鲜艳多彩，是园林常用观赏花卉，广泛应用于不同类型的景观项目中。

花坛

不同品种的翠菊之间组合搭配性较强，是设置花坛的优质花卉，可与其他不同形体、尺度的景观植物组合用作花坛，应用于各类景观空间中美化环境。

花境

翠菊花色多样、鲜艳，是布置花境的上好材料，与不同种类的植物组合成形式多样的花境，应用于适合的景观空间中。

花带

翠菊花色丰富，常应用在草地开阔处、林缘及路缘等景观区域作观赏花带，也可以与其他花卉组合作观赏花带。

盆栽观赏花卉

翠菊花朵美艳可爱、花期长，常用作盆栽观赏花卉，是阳台及屋顶花园绿化、美化的优质植物，观赏效果良好。

搭配造景

翠菊在与其他景观植物搭配造景时，常用作前景观赏花卉，后以高大花卉或花灌木作背景，营造出植物群落丰富的层次美和不同色彩组合的景观美，同时也可以用作地被花卉。

菊花专类园

翠菊品种多，类型丰富，常与其他品种的菊花或观赏花卉组合作菊花专类观赏园。

1	1. 栽植以图案造型作花坛
2	3	2. 片植作观赏花卉
	3. 与其他花卉组合作自然花带

|金鱼草|

名　称: 金鱼草
别　名: 龙头花、狮子花、龙口花、洋彩雀
拉丁名: *Antirrhinum majus*
科　属: 玄参科 金鱼草属

识 别

　　多年生，株高15~120cm，叶片长披针形，端尖，总状花序，花冠筒状唇形，基部膨大成囊状，形似金鱼，花色繁多，主要有白、淡红、深红、粉、深黄、浅黄等色。

生长习性

　　耐寒，不耐热，喜光，耐半阴，忌积水，适合肥沃、疏松和排水良好的沙质土壤生长。

文 化

　　金鱼草是中国人眼中的吉祥植物，代表"有金有余，繁荣昌盛"。

1
2　　1、2. 丛植景观

观赏花卉

金鱼草花形奇特美丽,花色丰富多彩,是优质的观花植物,环境适应性强,是园林常用观赏花卉品种,广泛应用于不同类型的景观项目中。

花坛

金鱼草是设置花坛的优质花卉,其形体尺度适中,花色繁多,可与其他景观植物组合用作花坛,适合于各类景观空间中,色彩突出,组合感强。

花境

金鱼草植株端正,株形优美,常与其他景观植物组合用作观赏花境,适合于路缘、林缘、向阳坡地、开阔草地、窗前、庭院角隅、屋顶花园等景观空间,既活跃气氛又丰富景观空间。

盆栽观赏花卉

金鱼草美丽大方,花色浓艳丰富,广受人们喜爱,常盆栽作观赏花卉,置放于室内、阳台、广场、屋顶花园、庭院等景观空间中。

花带

金鱼草花色鲜艳丰富,常片植于草地开阔处、林缘、路缘、水畔等景观区域作观赏花带,也可以与其他花卉组合作观赏花带。

搭配造景

金鱼草株形挺拔,色彩明亮轻快,在与其他景观植物搭配造景时,常用作前景观赏花卉。

1	2
	3

1. 作盆栽观赏花卉

2.3. 作地被观赏花卉

|金盏菊|

名　　称: 金盏菊
别　　名: 金盏花、黄金盏、长生花
拉丁名: *Calendula officinalis*
科　　属: 菊科 金盏菊属

花特写

识别

　　一年生，株高25~60cm，主茎直立，全株被软腺毛。叶互生，长圆状倒卵形，头状花序单生于茎顶，花径4~5cm，花金黄色、橘黄色及乳白色。

生长习性

　　喜光，喜冷凉，忌炎热，较耐寒，环境适应性较强。

设计应用

庭院观赏花卉

金盏菊花大色艳，花期长，是庭院美化的理想花卉，花开时节，满院金黄。

花坛

金盏菊植株整齐，色彩明亮，是营建花坛的理想花卉，可与其他不同形体、尺度、色彩的景观植物组合作花坛，应用于各类景观空间中，气质凸现，组合效果良好。

花境

金盏菊花朵美丽鲜艳，花期长，是重要的花境材料，可与其他景观观赏花卉组合成形式灵活的观赏花境，应用于多种景观空间。

花带

金盏菊常用作花带，花开色彩鲜明，可组合成不同造型的花带，应用于水畔、路缘、开阔草坪、林下等景观空间，适合于不同类型的项目。

搭配造景

金盏菊色彩明快，亮丽可爱，在与其他景观植物搭配造景时，常用作前景层面花卉，后以高大花卉或花灌木作背景。

1. 片植作观赏花卉
2. 与其他花卉、灌木组合作花带

百日草

名　称：百日草
别　名：百日菊、步步高
拉丁名：*Zinnia elegans*
科　属：菊科 百日草属

识别

　　茎直立，被短柔毛，株高30~120cm。叶抱茎对生，叶卵圆形或卵状椭圆形，全缘，被短毛。头状花序单生枝端，舌状花多轮，花梗较长；花色丰富，除蓝色系外，红、黄、白、粉、紫色等均有。

生长习性
　　喜光，喜温暖湿润气候，忌酷暑，不耐严寒，相对耐干旱，环境适应性强。

文化

　　百日草花期长，从六月到九月，花朵陆续开放，长期保持鲜艳的色彩，象征友谊天长地久；百日草第一朵花开在顶端，侧枝顶端开花比第一朵开得更高，故得名"步步高"，常用来表示对他人的美好祝福。

1	
2	3

1．丛植景观效果
2.3．花细部特写

设计应用

观赏花卉

百日草生长迅速，花期长，花色艳丽，是优良的观赏花卉，广泛应用于各类景观项目中。

花坛

百日草株型整齐，花色繁多，花期长，是作组合花坛的优质材料，常用作背景和基础层面的花卉。

花境

百日草常用作花境材料，与其他景观花木组合成形式多样、色彩丰富的花境，应用于不同类型的景观项目中。

庭院绿化

百日草常被用作庭院、阳台及屋顶花园等小尺度空间的绿化、美化植物，温馨而寓意美好。

盆栽观赏花卉

百日草花色鲜艳丰富，寓意美好，深受人们喜爱，常作盆栽观赏花卉。

搭配造景

百日草在与其他景观植物搭配时，常片植作前景观赏花卉或前景地被花带，增加景观层次，活跃气氛，丰富景观空间。

菊花专类园

百日草常与其他菊科植物组合用作主题性的菊类观赏园，设置在公园、植物园、风景旅游区等项目中。

1	1.应用于广场花池
2	2.用作花境材料
3	3.用作入口处景观花坛

|万寿菊|

名　称: 万寿菊
别　名: 臭芙蓉
拉丁名: *Tagetes erecta*
科　属: 菊科 万寿菊属

识别

　　一年生，株高30~100cm，主茎直立，分枝较多。叶对生，羽状全裂，裂片披针形或长椭圆形，叶缘有锯齿，有臭味；头状花序，花径5~12cm，有单瓣和重瓣，花色有乳白、柠檬黄、黄绿和橘黄等颜色。

生长习性

　　喜光，喜温暖，耐半阴，耐寒，耐干旱，环境适应性强。

1　1. 花丛景观
2　2. 花

设计应用

观赏花卉

　　万寿菊花色艳丽，花期长，是园林绿化中常用的观赏花卉，适合于各种类型的景观项目中。

花坛

　　万寿菊尺度适中，株形整齐，花大美艳，是布置花坛的优秀材料，可与其他不同形体、尺度的景观植物组合作花坛，应用于各类景观空间中，是节庆花坛常用的花卉品种之一。

盆栽观赏花卉

　　万寿菊环境适应性强，是理想的盆栽花卉，常盆栽置放于厅堂、阳台、庭院、广场、屋顶花园等景观空间用作观赏花卉。

搭配造景

　　万寿菊常与矮牵牛、四季秋海棠、一串红等花期较长、尺度较小的花卉组合用作花坛、花带等。在与其他景观植物搭配造景时，常用作前景层面花卉，后以高大花卉或花灌木作背景，形成层次丰富的植物景观。

菊花专类园

　　万寿菊色彩明快，花色艳丽，适合与其他品种的菊科植物组合作专类观赏园。

1	2
3	4

1. 片植作观赏花带　　2. 用作菊花专类园
3. 用于景观花坛　　4. 与其他花卉组合作自然花带

|孔雀草|

名　称: 孔雀草
别　名: 小芙蓉、小万寿菊
拉丁名: *Tagetes patula*
科　属: 菊科 万寿菊属

识别

　　一年生，株高20~40cm。茎多分枝；叶对生或互生，羽状分裂，长5~10cm，裂片长椭圆形或披针形，边缘具锐锯齿。头状花序顶生，径5~8cm，单瓣或重瓣，花形与万寿菊相似，但较小；花色有红褐色、黄褐色、淡黄色等。

生长习性

　　喜光，耐干旱，不耐寒，耐半阴，喜在排水良好区域生长。

1	1. 丛植景观效果
	2. 花序特写（橘黄）
2　3	3. 花序特写（黄色）

设计应用

1．2．作组合花坛
3．带状丛植与其他花卉组合作观赏花带
4．作观赏花带

| 1 | 2 |
| 3 | 4 |

观赏花卉

孔雀草是优秀的绿化、美化、保护土壤的草本花卉植物，其形体优美，花色漂亮，花期长，常应用于不同景观项目中作观赏花卉。

花坛

孔雀草是布置花坛的优秀花卉材料，可与其他不同形体、尺度的景观花木作组合花坛，应用于各类景观空间中，营造主题景观，美化环境，是节庆花坛常用花卉品种。

花境

孔雀草常与其他景观植物组合用作观赏花境，应用于庭院、路缘、林缘、向阳坡地、开阔草地等景观空间，增添景观吸引点。

盆栽观赏花卉

孔雀草是理想的盆栽花卉，盆栽应用于不同景观空间，适合于厅堂、屋顶花园、庭院等景观项目。

搭配造景

在与其他景观植物搭配造景时，常用作前景层面观赏花卉，后以高大花卉或花灌木作背景。

菊花专类园

孔雀草适合与其他品种的菊科植物组合作专类观赏园。

雏菊

名　　称: 雏菊
别　　名: 长命菊、延命菊、马兰头花
拉丁名: *Bellis perennis*
科　　属: 菊科 雏菊属

识别

多年生草本花卉，株高8~20cm，叶基部簇生，倒匙形，头状花序单生，径3~5cm，花有红、粉红、白、紫等颜色。

生长习性

喜阳光充足，喜冷凉，抗寒，耐旱，不耐炎热，对土壤要求不严，环境适应性强。

文化

雏菊早春开花，生气盎然，具有君子的风度和天真烂漫的风采，深得意大利人的喜爱，被推举为意大利国花。

1　1. 丛植景观
2　2. 花细部特写

1   1. 片植作观赏花卉

2   2. 片植于花池

观赏花卉

雏菊品种较多、花色丰富、叶形漂亮，是园林常用观赏花卉品种，广泛应用于各类景观项目中。

花坛

雏菊是设置花坛的优质花卉，其形体矮小，可与其他不同的形体尺度的景观植物组合作花坛，应用于各类景观空间中，营造主题，烘托气氛。

花境

雏菊常与其他景观植物组合用作观赏花境，应用于路缘、林缘、向阳坡地、开阔草地等景观空间，活跃气氛、丰富景观。

盆栽观赏花卉

雏菊花玲珑小巧，花色淡雅，是理想的盆栽花卉，盆栽置放于阳台、花园、广场等区域供观赏。

搭配造景

在与其他景观植物搭配造景时，常用作前景层面观赏花卉，后以高大花卉及花灌木作为背景。

菊花专类园

雏菊优雅可爱、清新脱俗，适合与其他菊科植物组合作专类观赏园。

三色堇

名　称: 三色堇
别　名: 人面花、猫脸花、蝴蝶花、鬼脸花
拉丁名: *Viola tricolor*
科　属: 堇菜科 堇菜属

识别

多年生，常作二年生栽培，株高10~40cm，呈丛生状生长。叶有长柄，叶片心圆形，叶缘有锯齿。花大，径3~6cm，花瓣5枚；花色品种繁多，有单色或复色，通常每花有紫、黄、白三色。

生长习性

喜光，喜凉爽气候，较耐寒，喜排水良好区域生长。

文化

三色堇为古巴、波兰的国花。

1
2
3   1、2、3. 各种颜色的花

观赏花卉

    三色堇花形奇特,花色丰富,是园林绿化中理想的观赏花卉品种,可以多种方式组合,应用于不同景观项目中。

花坛

    三色堇株形齐整,花色品种多,花期长,是设置花坛的重要材料,可与其他不同形体尺度的景观植物组合作花坛,并且可以组合构建成色彩丰富和造型优美的绿雕,应用于各类景观空间中,活化和美化环境。

花境

    三色堇花色丰富、形体矮小,适合与其他景观植物组合用作观赏花境,应用于适合的景观空间。

花带

    不同花色的三色堇组合成形态各异的观赏花带,应用于不同的景观空间中,可以活化、美化景观空间,增添观赏乐趣。也可以与尺度较矮的花卉组合用作花带。

搭配造景

    三色堇常与矮牵牛、四季秋海棠及一串红等花期长、尺度适中的花卉组合用作造景。在与其他景观植物搭配造景时,常用作前景层面花卉,后以高大花卉或花灌木作背景。

1	2

3

4

1. 植于花池作观赏花卉   2. 作观赏花带
3. 作组合花坛   4. 用作花柱

|凤仙花|

名　称: 凤仙花
别　名: 指甲草、金凤花
拉丁名: *Impatiens balsamina*
科　属: 凤仙花科 凤仙花属

识别

一年生，株高40~80cm；叶互生，呈披针形，缘有细小锯齿。花单生或数朵簇生于叶腋，花型有单瓣、重瓣等；花色有红、粉、白、玫瑰紫等颜色。

生长习性

喜光，喜温暖气候，适合在排水良好的区域生长。

文化

凤仙花是中国民间栽培已久的草花之一，深得人们的喜爱，花瓣可用来涂染指甲。

| 1 | 1. 丛植景观效果 |
| 2 | 2. 花特写 |

观赏花卉

凤仙花花色漂亮，环境适应性强，常应用于各类景观空间中作观赏花卉。

花坛

凤仙花艳丽多姿，花色丰富，是优质花坛材料，常与其他景观植物组合用作花坛。

盆栽观赏植物

凤仙花易于管理，矮型品种适合盆栽应用于庭院、阳台、花园等小型景观空间作观赏花卉。

花境

凤仙花是重要的观花植物，也是很好的花境材料，与其他景观观赏花卉组合成形式灵活的观赏花境，应用于适合的景观空间。

花带

凤仙花也常用作花带，色彩鲜明，不同花色的凤仙花可组合成不同造型的花带，应用于水畔、路缘、开阔草坪、林下等景观空间，适合于不同类型的项目。

搭配造景

在与其他景观植物搭配造景时，常用作前景观赏植物，以高大花卉或花灌木作背景。

1. 与其他花卉组合片植作花坛
2. 作花境
3. 作观赏花带

|石竹|

名　　称: 石竹
别　　名: 中国石竹、中国沼竹
拉丁名: *Dianthus chinensis*
科　　属: 石竹科 石竹属

识别

　　石竹花因其茎具节，形似竹秆，故名石竹，为多年生草本植物，常作一、二年生栽培。株高30~50cm，主茎直立，分枝较多，叶线状披针形，长3~5cm。花单朵或数朵簇生于枝茎顶端成聚伞花序，径2~3cm，花瓣倒卵状三角形，缘有不整齐齿裂，单瓣或重瓣，花色有紫红、大红、粉红、白等色。

生长习性

　　相对耐寒、耐干旱，不耐酷热，喜光，喜凉爽湿润气候，适合在排水良好的砂质土壤区域生长。

文化

　　宋代王安石爱慕石竹之美，又怜惜它不被人们所赏识，写下《石竹花二首》，其中之一"春归幽谷始成丛，地面芬敷浅浅红。车马不临谁见赏，可怜亦解度春风"。

1　2　　　1. 花丛景观
3　4　　　2.3.4. 各种颜色的花特写

观赏花卉

石竹花期长，花色品种丰富，是优良的景观观赏花卉，适合应用于各类景观项目中作观赏花卉。

花坛

石竹花色丰富，形体尺度适中，是作组合花坛的优质材料。

花境

石竹常用作花境，与其他景观花木组合成形式多样、景观感受丰富的花境。

花带

石竹花开色彩鲜明，品种丰富多样，不同花色的石竹可组合成形态丰富的观赏花带，用于水畔、路缘、开阔草坪、林下等景观空间，适合于不同类型的项目。

阳台及屋顶花园

石竹常用作阳台及屋顶花园等小尺度空间的绿化美化植物，寓意温馨美好。

搭配造景

石竹在与其他景观植物搭配时常作前景观赏花卉或前景地被花带，活跃气氛，增添景观空间的丰富性。

地被观赏植物

石竹适应性强，覆盖率高，在园林绿化中常自然丛植作地被观赏植物，适合应用于山地公园、疏林草坪作地被观赏植物。

1	1．作观赏花带
	2．作路缘花境
2 3	3．用作地被花卉

1　1．片植作观赏花带
2　2．与其他花卉组合应用于花坛

|矮牵牛|

名　　称: 矮牵牛
别　　名: 灵芝牡丹、碧冬茄
拉丁名: *Petunia hybrida*
科　　属: 茄科　碧冬茄属

识别

多年生，株高20~60cm，全株被毛，茎有直立状，亦有匍匐状，单叶互生，叶呈卵形，近无柄，花较大，呈漏斗状，边缘五浅裂；花色品种较多，主要有桃红、深红、紫、粉、白等颜色。

生长习性

喜光，喜温暖气候，不耐寒，耐半阴，喜排水良好区域生长。

1
2　　1、2. 花叶细部特写
3　　3. 丛植景观效果

设计应用

观赏花卉

矮牵牛花期长，花色品种多，是园林绿化中优良的观赏花卉品种。

花坛

矮牵牛是设置花坛的优秀材料，形体矮小、色彩均匀，可与其他不同形体尺度的景观植物组合用作花坛，并且可以组合构建成各种色彩和造型的绿雕及立体花坛，应用于各类景观空间中，活化和美化环境。

盆栽观赏花卉

矮牵牛同样适合用作盆栽观赏花卉，摆放在阳台、屋顶花园、庭院等小型景观空间中。

花带

矮牵牛也常用作花带，花开色彩鲜明、丰富，可组合成不同造型花带，应用于水畔、路缘、开阔草坪、林下等景观空间，适合于不同类型的项目。

花境

花色丰富、形体矮小，适合与其他景观植物组合用作观赏花境，应用于适合的景观空间。

搭配造景

矮牵牛常与四季秋海棠及一串红等花期长、尺度适中的花卉组合应用造景。在与其他景观植物搭配造景时，常用作前景层面花卉，后以高大花卉或花灌木作背景。

1. 作节庆花坛
2. 作花坛镶边
3. 作立体花坛

1．用作灯具小品绿化
2．搭配造景作观赏花带
3．用于种植钵
4．搭配造景
5．用作路缘花境

1	3
	4
2	5

鸡冠花

名　称: 鸡冠花
别　名: 青葙、凤尾鸡冠、红鸡冠
拉丁名: *Celosia cristata*
科　属: 苋科 青葙属

| 1 | 2 | 1、2. 花特写 |
| | 3 | 3. 丛植景观效果 |

识别

　　一年生，株高15~120cm，主茎直立、粗壮，叶互生，卵状至线状变化不一，肉质穗状花序顶生，花序形状不一，多呈鸡冠状，有深红、鲜红、橙黄、黄、白等颜色。

生长习性
　　喜光，不耐寒，耐高温，较耐旱。

观赏花卉

鸡冠花花期长，花色漂亮，是园林常用观赏花卉品种，广泛应用于各类景观项目中。

花坛

鸡冠花是设置花坛的优质花卉材料，花朵大，形体尺度较高，可与其他不同形体尺度的景观植物组合作花坛，应用于各类景观空间中，营造主题、烘托气氛。

盆栽观赏花卉

鸡冠花也常用作盆栽观赏花卉，应用于室内、阳台、庭院、花园等景观空间。

花境

鸡冠花常用作花境材料，与不同品种、不同尺度的植物组合成形式丰富的花境。

自然花带

鸡冠花花色浓艳，常应用在草地开阔处、树丛周围及路缘等景观区域成片栽植作观赏花带。

搭配造景

鸡冠花形体适中，在与其他景观植物搭配造景时常用作前景层面观赏植物，以花灌木作背景观赏植物，景观层次丰富。

1. 用作路缘花境
2. 用作节日花坛
3. 与其他植物搭配作组合花带

1. 用于花坛
2. 用作观赏花卉
3. 用作花带

|波斯菊|

名　称: 波斯菊
别　名: 秋英、大波斯菊
拉丁名: *Cosmos bipinnatus*
科　属: 菊科 秋英属

1. 花细部特写
2. 花茎
3. 花枝

识别

　　一年生，株高50~120cm。茎纤细而直立，分枝较多，茎光滑或微被柔毛；单叶对生，二回羽状深裂。头状花序顶生或腋生，花序径5~10cm，花瓣8枚；花色主要有白、粉、深红等。现代园艺变种有白花波斯菊、大花波斯菊、紫红花波斯菊等多个品种。

生长习性

　　喜光，耐干旱贫瘠，不耐炎热，不耐寒，环境适应性较强。

设计应用

观赏花卉

波斯菊株形高大，叶形雅致，花色丰富，是园林常用观赏花卉品种，广泛应用于各类景观项目中。

花坛

波斯菊是设置花坛的优质花卉，形体高大，可与其他不同形体尺度的景观植物组合作花坛，应用于各类景观空间中，营造主题、烘托气氛。

花境

波斯菊常用作花境材料，与不同品种、不同尺度的植物组合成形式丰富的花境。

自然花带

波斯菊景观感觉颇有野趣，常应用在草地开阔处、树丛周围及路缘等景观区域成片栽植作观赏花带，适合应用于公园、学校、度假地、风景旅游区等景观项目中。

阳台及屋顶花园

波斯菊是阳台及屋顶花园绿化、美化的优质植物，花色丰富，花期长，环境适应性强。

盆栽观赏花卉

波斯菊也常用作盆栽观赏花卉，应用于室内、阳台、庭院、花园等景观空间。

搭配造景

波斯菊形体高大，在与其他景观植物搭配造景时常用作中景层面观赏植物，以高大乔木或花灌木作背景树，低矮应季花卉作前景观赏植物，景观层次丰富。

菊花专类园

波斯菊象征着野趣与快乐，适合与其他品种的菊科植物组合作专类观赏园。

1. 用作路缘花境

2. 用作观赏花卉

3. 用于节日花坛

|千日红|

名　称: 千日红
别　名: 百日红、千金红、千年红
拉丁名: *Gomphrena globosa*
科　属: 苋科 千日红属

识别

　　一年生，高20~60cm。全株具灰色长绒毛，茎直立多分枝；叶对生，纸质，椭圆形至倒卵形，长5~13cm，宽3~5cm，全缘，端尖。头状花序顶生，圆球形，淡紫色、紫红色或白色。

生长习性
　　喜光，耐热，不耐寒。

文化

　　千日红象征着永恒的爱、不朽的恋情。

1
2　　1.2. 花细部特写
3　　3. 花叶特写

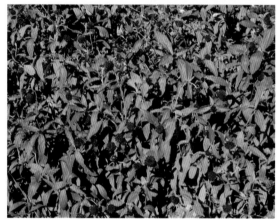

观赏花卉

千日红花娇小可爱，浓艳美丽，常用于各类景观空间中作观赏花卉，应用于不同类型的景观项目中。

花坛

千日红形体统一，花色鲜艳，是优质花坛材料，常与其他景观植物组合用作花坛。

盆栽观赏植物

千日红适合盆栽应用于庭院、阳台、花园等小型景观空间作观赏植物。

花带

千日红也常用作观赏花带，花开色彩鲜明，可组合成不同造型的花带，应用于水畔、路缘、开阔草坪、林下等景观空间，适合于不同类型的项目。

花境

千日红是上好的花境材料，与其他景观观赏花卉组合成形式灵活的观赏花境，应用于不同的景观空间。

搭配造景

千日红植株矮小，在与其他景观植物搭配造景时，常用作前景观赏植物，以高大花卉或花灌木作背景。

1
2　1．2．作观赏花卉

旱金莲

名　　称: 旱金莲
别　　名: 金莲花、旱莲花、旱荷
拉丁名: *Tropaeolum majus*
科　　属: 旱金莲科　旱金莲属

1　1. 叶
2　2. 花

识别

　　旱金莲为蔓生植物，蔓长可达1.5m，叶互生，近圆形，形似荷花叶，径3~5cm，具长柄。花单生于叶腋，花梗长，花瓣5枚，缘有缺刻，具爪；花色丰富。

生长习性
　　喜冷凉湿润，喜光。

观赏花卉

　　旱金莲叶形秀丽、花色丰富，是园林常用观赏花卉品种，广泛应用于各类景观项目中。

花坛

　　旱金莲形体优美，是设置花坛的优质花卉材料，可与其他不同形体尺度的景观植物组合用作花坛，应用于各类景观空间中，营造主题。

花境

　　旱金莲独特美丽，常用作花境材料，与其他景观植物、小品等组合成形式丰富的花境，用作庭院、入口等景观空间。

盆栽观赏花卉

　　旱金莲叶形美丽，花朵艳丽独特，常用作盆栽观赏花卉，应用于庭院、花园等小型景观空间作观赏植物。

阳台及屋顶花园

　　旱金莲花色丰富，花期长，环境适应性强，是阳台及屋顶花园绿化、美化的优质植物材料。

1　1. 用于花境
2　2. 作盆栽观赏花卉

地肤

名　　称: 地肤
别　　名: 扫帚草、孔雀松
拉丁名: *Kochia scoparia*
科　　属: 藜科 地肤属

1 　1. 丛植形态
2 　2. 秋季全貌

识 别

　　一年生，株丛紧密，呈圆球形至椭圆球形，株高30~150cm，茎直立，分枝斜向上，多而纤细，叶线形，黄绿色，秋季全株呈红色。

生长习性

　　喜光，耐热，耐旱，耐修剪，不耐寒，环境适应性强。

观赏植物

　　地肤形体自然优美，适合三、五自由散植，应用于路缘、水畔、草坪开阔地、自然漫坡等景观空间用作景观观赏植物。

花坛

　　地肤形体自然统一，整齐可爱，常与其他景观植物组合用作花坛。

花境

　　地肤常用作花境，与其他景观花木组合成形式多样、景观感受丰富的花境，应用于路缘、林下、庭院等景观空间中。

盆栽观赏植物

　　地肤适合盆栽应用于庭院、阳台、花园等小型景观空间作观赏植物。

自然绿篱

　　地肤是作绿篱的优质材料，直线或自然形种植，修剪后自然美观，颇具野趣与乡土气息，且易于管理维护。

搭配造景

　　地肤色彩黄绿，明亮醒目，在与其他景观植物搭配造景时，常用作前景观赏植物，以高大花卉或花灌木作背景。

1	
2	3

1. 用作草坪花境
2. 与景石搭配造景
3. 组合造景作中景层面植物

夏堇

名　　称: 夏堇
别　　名: 蝴蝶草、花公草、蓝猪耳
拉丁名: *Torenia fournieri*
科　　属: 玄参科 蝴蝶草属

识别

　　株高20~30cm，成簇生状，茎细小，呈四棱形。叶对生，卵状椭圆形，端尖，基部楔形，缘有细小锯齿。花二唇状，上唇浅紫色，下唇深紫色，基部色渐浅至白色，喉部有黄色斑点。

生长习性

　　喜光，喜高温，耐热，耐旱，不耐寒，喜排水良好区域生长。

1
2　　1、2. 不同花色
3　　3. 丛植效果

| 1 | 2 | 1.用作路缘花境 |
| | 3 | 2.应用于花境　　3.应用于广场作花坛 |

观赏花卉

　　夏堇花期长，形体矮小，是园林绿化中理想的观赏花卉品种。

花坛

　　夏堇是设置花坛的重要材料，可与其他不同形体尺度的景观植物组合作花坛，并且可以组合构建成色彩丰富、造型多样的绿雕、立体花坛，应用于各类景观空间中，活化和美化环境。

花境

　　夏堇环境适应性强，花色漂亮、丰富，形体矮小，适合与其他景观植物组合用作观赏花境，应用于不同的景观空间。

搭配造景

　　夏堇常与三色堇、矮牵牛、四季秋海棠及一串红等花期长、尺度适中的花卉组合应用造景。在与其他景观植物搭配造景时，常用作前景层面花卉，或作地被观赏花卉。

羽衣甘蓝

名　　称: 羽衣甘蓝
别　　名: 叶牡丹、牡丹菜、花包菜、绿叶甘蓝
拉丁名: *Brassica oleracea var. acephala f.tricolor*
科　　属: 十字花科 芸薹属

识 别

　　二年生，株高30~50cm，叶形有圆叶、皱叶、裂叶等，叶色有白色、黄色、红色、紫红色、淡绿色等色系，第一年长叶，翌年开花、结实。总状花序顶生，高可达1.2m。

生长习性

　　喜光，喜冷凉气候，较耐寒，忌高温多湿。

1

2　　1.2. 丛植景观

设计应用

用作花坛

观叶植物

　　羽衣甘蓝叶色鲜艳醒目，是园林中优秀的观叶植物品种，适合应用于多种景观空间。

花坛

　　羽衣甘蓝是构筑花坛优良的观叶类矮型植物，常作前景或衔接层面的植物，与其他观花植物组合应用，在公园、街头、花坛常见用羽衣甘蓝镶边与其他花卉材料组成各种美丽的图案，美化环境，活化空间。

花境

　　常用作花境，与其他景观花木组合成形式多样、景观感受丰富的花境，应用于路缘、林缘、庭院等景观空间中。

花带

　　羽衣甘蓝叶色丰富，形体矮小，适合与其他景观植物组合用作观赏花带，应用于适合的景观空间。

搭配造景

　　在与其他景观植物搭配造景时，常用作前景地被层面花卉，后以高大花卉或花灌木作背景。

盆栽观赏花卉

　　羽衣甘蓝叶色多样，有淡红、紫红、白、黄等颜色，是盆栽观叶的佳品。

1　1．与乔木搭配造景
2　2．与灌木搭配造景
3　3．用作路缘花境

|蓝花鼠尾草|

名　　称:蓝花鼠尾草
别　　名:一串蓝、蓝丝线
拉丁名:*Salvia farinacea*
科　　属:唇形科 鼠尾草属

识 别

　　多年生，呈丛生状生长，主茎秆直立，株高30~60cm，叶对生，叶长椭圆形，叶色灰绿，叶表有纹路，周身香味浓郁。长穗状花序顶生，花小，青蓝色。

生长习性

　　喜光，适合在排水良好的沙质土壤生长，生长迅速，耐病虫害，环境适应性强。

1
2　　1、2. 丛植效果

庭院观赏花卉

蓝花鼠尾草寓意浪漫，深受人们喜爱，是庭院美化的理想花卉，花开时节，满院繁花。

花坛

蓝花鼠尾草的蓝紫色花色极为珍贵，是营建花坛的理想花卉，可与其他不同形体尺度的景观植物组合作花坛，应用于各类景观空间中，气质凸现，组合效果良好。

花境

蓝花鼠尾草花序直立，优雅自然，是重要的花境材料，与其他观赏花卉组合成形式灵活的观赏花境，应用于路缘、庭院、公园等景观空间。

阳台及屋顶花园

蓝花鼠尾草清新自然，美丽浪漫，适合用作阳台及屋顶花园的绿化、美化花卉。

搭配造景

在与其他景观植物搭配造景时，常用作前景层面花卉，后以高大乔木或花灌木作背景。

香草专类园

蓝花鼠尾草花色统一，气质高贵，适合与其他香草类植物组合营造香草园，应用于植物园、公园、度假区、校园、居住区等景观项目中，美化环境、活化空间、丰富生活情趣，可作为植物旅游的开发亮点。

1	2
	3

1. 用作草地花境
2. 作观赏花卉
3. 用作林缘花境

勋章菊

名　称: 勋章菊
别　名: 非洲太阳菊
拉丁名: *Gazania rigens*
科　属: 菊科 勋章菊属

识别

　　株高20~30cm, 叶片较厚, 叶线形或羽状。头状花序单生于主杆顶端, 舌状花单轮; 花色丰富, 有金黄、红、白等多种颜色。

生长习性
　　喜光, 喜温暖气候, 环境适应性强。

1　1. 花丛景观
2　2. 花细部特写

1、2. 丛植作观赏花卉

观赏花卉

　　勋章菊花色优美，颜色丰富，繁花似锦，光彩夺目，且开花观赏期长，能形成长达半年之久的艳丽花海景观，是优良的园林观赏花卉，适合应用于多种景观项目中。

花坛

　　勋章菊形体齐整，花色艳丽，花期长，是营建花坛的理想花卉，可与其他不同形体尺度的景观植物组合作花坛，应用于各类景观空间中，营造主题、烘托气氛。

花带

　　勋章菊色彩鲜明，可片植、丛植成不同形态的观赏花带，应用与水畔、路缘、开阔草坪、林下等景观空间，适合于不同类型的项目。

搭配造景

　　勋章菊植株矮小，在与其他景观植物搭配造景时，常用作前景观赏植物，以高大花卉或花灌木作背景。

菊花专类园

　　勋章菊花期长、花色丰富，适合与其他菊类植物组合用作专类主题园，应用于植物园、公园、风景旅游区等景观项目中。

|蒲公英|

名　称: 蒲公英
别　名: 蒲公草、黄花地丁、灯笼草
拉丁名: *Taraxacum mongolicum*
科　属: 菊科 蒲公英属

识别

多年生，全株含白色乳汁，叶倒卵状披针形或倒披针形，长4~20cm，边缘有时具波状齿或羽状深裂，花葶1个至数个，高10~25cm，头状花序，顶生，直径约30~40mm，花鲜黄色，瘦果倒披针形，具小刺，冠毛白色。

生长习性

耐旱，耐寒，耐盐碱，环境适应性较强。

1. 花细部特写
2. 种子特写

1　1. 用作景观观赏花卉
2　2. 用作地被观赏花卉

景观观赏花卉

蒲公英花色漂亮，充满野趣，是园林绿化中优良的观赏植物，常应用于郊野公园及风景区、自然保护区等景观项目中。

地被观赏植物

蒲公英适应性强，覆盖率高，在园林绿化中常用作地被观赏植物，适合应用于山地公园、疏林草地作观赏植物。

搭配造景

在与其他景观植物搭配造景时，常用作前景层面花卉或地被花卉，后以高大花卉或花灌木作背景。

|金叶番薯|

名　称: 金叶番薯
拉丁名: *Ipomoea batatas'Tainon No.62'*
科　属: 旋花科　番薯属

叶丛

识别

多年生，茎略呈蔓性。叶呈心形或不规则卵形，偶有缺裂，叶色为黄绿色，花喇叭形。

生长习性
喜光，性强健，不耐阴，喜高温。

设计应用

观叶植物

金叶番薯叶色鲜艳醒目，是园林中优秀的观叶植物品种，适合应用于多种景观空间。

花坛

金叶番薯是构筑花坛优良的观叶类矮型植物，常作背景或衔接过渡层面的植物，常与其他观花植物组合应用，在公园、街头、花坛，常见用金叶番薯与其他花卉组成各种美丽的花坛，美化环境，活化空间；是常用的立体花坛材料。

花境

金叶番薯常用作花境，与其他景观花木组合成形式多样、景观感受丰富的花境，应用于路缘、林缘、庭院等景观空间中。

花带

金叶番薯叶色明亮，形体矮小，适合与其他景观植物组合用作观赏花带，应用于不同的景观空间。

搭配造景

在与其他景观植物搭配造景时，常用作前景地被层面花卉，后以高大花卉或花灌木作背景。

护坡植物

金叶番薯覆盖率极高，是良好的护坡材料，兼具观赏与护坡为一体，常应用于水岸护坡绿地中。

地被观赏植物

金叶番薯覆盖率高，适应性强，在园林绿化中常用作地被观赏植物，适合应用于乔木林下、山石间作观赏地被植物。

1	1．用作花带
2	2．作林下观赏地被
3	3．用于种植钵

|油菜花|

名　　称: 油菜花
别　　名: 芸薹
拉丁名: *Brassica campestris*
科　　属: 十字花科 芸薹属

1	1. 丛植景观效果
2 3	2. 花枝特写　3. 花特写

识别

　　二年生, 高30~90cm。基生叶旋叠状, 下部茎生叶羽状半裂, 上部茎生叶长圆形至长圆状披针形。花序在花期时为伞房状, 以后伸长; 花两性, 辐射对称, 花瓣4枚, 呈十字形排列; 花鲜黄色。

生长习性

　　喜光, 性强健, 不耐阴, 环境适应性强。

观赏花卉

　　油菜花花色鲜艳，色彩明亮，易于管理，是常
用观赏花卉品种，应用于庭院、郊野公园、风景旅
游区等景观项目中，花开时节，满地金黄，美不胜
收，在绿化、美化环境的同时又增添野趣。

花带

　　油菜花靓丽显眼，形体适中整齐，常丛植作观
赏花带应用于草地开阔处、林缘、路缘等景观区
域，颇具野趣。

花境

　　油菜花形体自然优美，色彩鲜亮，常与其他观
赏花卉组合成形式灵活的观赏花境，用于路缘、庭
院、公园等景观空间。

| 1 | 1. 用作景观地被 |
| 2 | 3 | 2.3. 片植作观赏花卉应用于风景旅游区 |

搭配造景

　　在与其他景观植物搭配造景时，常用作前景地被层面花卉，后以乔木、高大花卉或花灌木作背景。

风景旅游区造景花卉

　　花开时节色彩鲜明抢眼，野趣十足，广受游客喜爱。

经济作物

　　油菜花是重要的油料经济作物。

| 1 | 1.2. 作观赏花卉应用于风景旅游区 |
| 2 | 3 | 3. 用作经济作物 |

|二月兰|

名　称:二月兰
别　名:菜子花、诸葛菜
拉丁名:*Orychophragmus violaceus*
科　属:十字花科 诸葛菜属

1 1. 丛植景观效果
2 2. 花细部特写

识别

　　一年或二年生,株高10~50cm,主茎直立,基部或上部稍有分枝,光滑。基生叶和下部茎生叶羽状深裂,上部茎生叶近圆形或卵形,缘有不规则锯齿。总状花序,顶生,花瓣倒卵形,呈十字排列,深紫色、蓝紫色、浅红色或褪成白色。

生长习性
　　耐寒,耐旱,环境适应性强。

用作地被观赏植物

景观观赏花卉
　　二月兰花色漂亮，是园林绿化中优良的阴生观赏植物，常应用于郊野公园、风景区等景观项目中。

地被观赏植物
　　二月兰形态自然，耐阴性强，覆盖率高，在园林绿化中常用作地被观赏植物，尤其适合应用于乔木林下、景观花池中作观赏植物。

荒山绿化花卉
　　二月兰环境适应性强，覆盖率高，是荒山绿化的优质材料。

搭配造景
　　二月兰在与其他景观植物搭配造景时，常用作前景层面花卉，后以高大花卉或花灌木作背景，与乔木搭配时常作地被花卉，野趣十足。

|菊花|

名　称：菊花
别　名：秋菊、黄花
拉丁名：*Dendranthema morifolium*
科　属：菊科 菊属

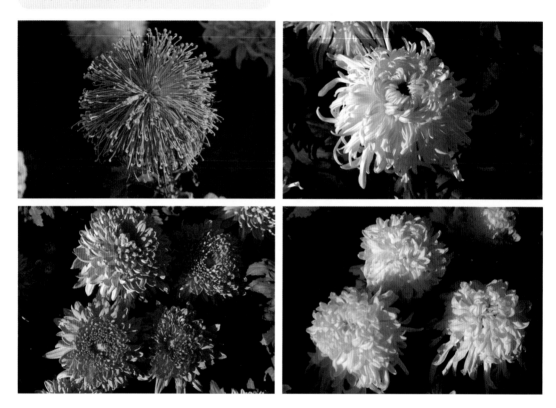

识别

多年生宿根花卉，株高20~150cm。茎直立，基部半木质化；单叶互生，卵圆形至披针形，羽状浅裂或深裂，缘有齿。头状花序顶生，微香，有舌状花和筒状花之分，花瓣有平瓣、管瓣、匙瓣、桂瓣、畸瓣等五类；花色丰富，主要有红、黄、白、紫、绿、粉、复色、间色等色系。

生长习性

喜凉爽，较耐寒，耐旱，忌积水。

文化

菊花是中国十大名花之一，在中国已有三千多年的栽培历史，它被赋予了吉祥、长寿、幸福的美好寓意。

菊花在中国人心中寓意君子，亦为简朴淡雅生活的象征。东晋诗人陶渊明有诗云"采菊东篱下，悠然见南山"。

1	2
3	4

1、2、3、4. 不同形态色彩的花

设计应用

切花

菊花种类丰富，花形整齐，花朵大，色彩丰富，在世界切花生产中占有重要地位。

观赏花卉

菊花颜色丰富，繁花似锦，光彩夺目，花期长，是优良的园林观赏花卉，适合应用于多种景观项目中。

花坛

菊花形体适中，品种丰富，花色多样，是营建花坛的理想花卉，可与其他不同种类的景观植物组合作花坛，应用于各类景观空间中，营造主题、烘托气氛。

花境

菊花是良好的花境组合材料，与其他观赏花卉组合成形式灵活的观赏花境，应用于不同的景观空间。

花带

菊花花期长，花色品种丰富，适合丛植作观赏花带或不同花色的菊花搭配作组合花带，应用于林缘、路缘、草坪开阔处等景观空间。

盆栽观赏花卉

菊花株型优美，花大美丽，是上佳的传统盆栽观赏花卉，可组合摆放应用于不同的景观空间中，绿化、美化环境，增添情趣。

搭配造景

在与其他景观植物搭配造景时，常用作中景层面或前景层面花卉，后以高大花卉或花灌木作背景，以应季低矮花卉作前景观赏植物。

菊花专类园

菊花花期长、花色多样，适合与其他菊类植物组合用作专类观赏园，应用于植物园、公园、风景旅游区等景观项目中。

1
2　1.2. 用于立体花坛

|芍药|

名　　称: 芍药
别　　名: 离草、将离
拉丁名: *Paeonia lactiflora*
科　　属: 芍药科 芍药属

识别

多年生宿根花卉，株高60~120cm。茎直立丛生，初生茎或叶红色，茎基部常有鳞片状变形叶，中部二回三出复叶，上部茎生叶为三出复叶，小叶椭圆形或披针形。花单生或数朵生于茎顶或上端叶腋，有白、粉、黄、紫或红色等多种色系。

生长习性

耐寒，喜光，喜冷凉气候，忌高温多湿。

文化

我国芍药栽培的历史悠久，芍药是吉祥富贵的象征，《群芳谱》中有"牡丹为花王，芍药为花相"之说。

今天，北京很多有牡丹的大公园也广植芍药。在20世纪80年代时，北海公园的芍药很著名，现在北京的芍药则是以景山公园为最。

1
2
3　1、2、3. 不同形态、色彩的花

用作主题观赏花园

观赏花卉

芍药是传统观赏名花，花大而美丽，颜色丰富，观赏价值高，富含文化寓意，是春季重要的观赏花卉，常应用于各类景观项目中作园景观赏花卉。

盆栽观赏花卉

芍药观赏价值较高，是理想的盆栽花卉，盆栽置放于阳台、花园、广场等区域观赏。

花坛

芍药也常用作布置花坛，花朵大，花色漂亮，与其他景观植物组合应用构建不同形式的花坛。

花境

芍药株型尺度适中，是较为优秀的花境材料，与不同种类的植物组合成形式多样、色彩丰富的花境。

自然花带

芍药花色艳丽，常片植于草地开阔处、林缘、路缘等景观区域作观赏花带，适合应用于公园、学校、度假地、风景旅游区等景观项目中。

搭配造景

芍药在与其他景观植物搭配造景时，常作前景层面观赏花卉，背景植以乔木或花灌木；芍药还常与景石、小品搭配造景应用于古典园林中。

专类观赏园

芍药与牡丹外形相似，常与牡丹组合用作牡丹、芍药专类观赏园。

|鸢尾|

名　　称: 鸢尾
别　　名: 紫蝴蝶、蓝蝴蝶
拉丁名: *Iris tectorum*
科　　属: 鸢尾科 鸢尾属

识 别

　　多年生宿根花卉，高约30~40cm。根状茎匍匐多节，粗壮肥厚，黄褐色。叶基生，剑形，长15~50cm，宽2~5cm，顶端渐尖。花茎光滑，稍高于叶丛，有1~2个分枝，每枝有花2~3朵；总状花序，蓝紫色，花垂瓣倒卵形，具蓝紫色条纹，瓣基具褐色纹，中部有鸡冠状突起，白色带紫纹，旗瓣较小，方形直立。

生长习性

　　耐寒性较强，喜光，喜凉爽气候，耐半阴，环境适应性强。

1
2　　1. 丛植景观
3　　2. 3. 花叶细部特写

设计应用

庭院观赏花卉

鸢尾叶片碧绿青翠，花大而奇特，宛若翩翩彩蝶，是良好的庭院观赏植物，花开时节，满院芳菲，美不胜收。

景观观赏花卉

鸢尾是常用的园林观赏花卉品种，不仅花色漂亮，而且有丰富的文化寓意，适合条状或自由片状栽植应用于坡地、林缘、开阔草坪等区域作景观观赏植物。

林下地被花卉

鸢尾形体统一，花色夺目，耐阴，常用作林下地被观赏花卉，与树木在尺度和色彩上交相呼应，景观层次丰富，视觉效果良好。

花境

鸢尾环境适应性强，易于管理，常与其他景观植物组合作混合花境。

花带

鸢尾形体适中整齐，且花大美丽，常丛植作观赏花带应用于草地开阔处、林缘、路缘等景观区域，颇具野趣。

搭配造景

鸢尾在与其他景观植物组合搭配时，常用作中前景观赏花卉，以常绿乔木或花灌木作背景，前植应季低矮花卉。

专类观赏园

鸢尾品种多，花色丰富，不同品种组合搭配用作专类观赏园，用于植物园、公园、居住区、风景旅游区、度假地等景观项目中。

1. 用作花带
2. 用作花坛
3. 作观赏花带应用于公园

1 1．丛植作观赏花卉
2 2．用作林下观赏花带

黄菖蒲

名　称: 黄菖蒲
别　名: 黄花鸢尾、水生鸢尾
拉丁名: *Iris pseudacorus*
科　属: 鸢尾科 鸢尾属

识别

多年生，根状茎粗壮短小，叶剑形，长40~60cm，中脉明显，端尖，花茎粗壮，稍高于叶丛，60~70cm，有明显纵棱。花黄色，垂瓣为广椭圆形，基部有褐色斑纹或无。

生长习性

喜温暖湿润气候，耐寒，较耐阴；喜在浅水区域生长，环境适应性强。

1　1. 丛植景观
2　2. 花细部特写

1 1. 栽植于浅水区域与景石搭配造景
2 2. 栽植于水岸边作观赏花卉

自然花带

黄菖蒲景观观赏效果良好，常片植于滨水区域作观赏花带，适合应用于公园、学校、居住区、休闲度假地区、风景旅游区等景观项目中。

花境

黄菖蒲是较为优秀的花镜材料，葱郁茂密，野趣十足，可与不同品种、不同形体尺度的水生植物组合成形式丰富的花镜，尤其适合应用于滨水环境。

搭配造景

黄菖蒲形体适中，在与其他景观植物搭配造景时常用作前景或中景层面观赏植物，后以花灌木或乔木为背景，过渡自然，景观层次丰富，节奏感强。

观赏花卉

黄菖蒲形体尺度适中，叶色漂亮，花色美丽，是园林常用滨水观赏花卉品种，广泛应用于各类景观项目中。

庭院观赏花卉

黄菖蒲形态自然优雅，花美丽奇特，常用作庭院观赏植物，应用于水畔，与山石小品组合造景，绿化景观空间，增添情趣。

水岸湿地绿化花卉

黄菖蒲环境适应性强，喜在浅水区域生长，可片状、带状栽植应用于池边、湖畔、湿地、河道两侧浅水区域作观赏花卉。

| 玉簪 |

名　称: 玉簪
别　名: 玉泡花、白鹤花、白玉簪
拉丁名: *Hosta plantaginea*
科　属: 百合科 玉簪属

| 1 | 2 | 1. 丛植景观　　2. 叶细部特写
| 3 | 4 | 3. 花序　　4. 花丛

识别

　　多年生宿根花卉，株高可达30~50cm。叶基生成丛，叶柄较长，有沟槽，叶长卵形或卵状心形，基部心圆形，有明显弧形脉。顶生总状花序，高于叶丛，管状漏斗形；花白色，芳香。

生长习性
　　耐阴，耐寒，喜阴湿环境生长，忌强光。

文化

　　玉簪象征清操自守、洁白如玉的品质。

阴生观赏植物

玉簪花开时节，洁白似玉，芳香四溢，且耐阴性强，是园林绿化中优良的阴生观赏植物，常栽植应用于林下、山体及建筑背阴面区域。

花境

玉簪形体适中，叶形独特美丽，适合与其他景观植物组合作混合花境。

花带

玉簪也常用作观赏花带，花朵美丽，叶色葱绿，可丛植成不同形态的景观花带，应用于水畔、路缘、开阔草坪、林下等景观空间，适合于不同类型的项目。

地被观赏植物

玉簪耐阴性强，覆盖率高，形体统一，是良好的林下、建筑庇荫地的地被观赏花卉。在园林绿化中常用作地被观赏植物，尤其适合应用于建筑背阴面、乔木林下作观赏植物。

盆栽观赏花卉

玉簪花叶皆具较高的观赏性，常用作盆栽观赏花卉，置放于庭院等小型景观空间中。

切花材料

玉簪是良好的切花材料，喻意清雅、情调高尚。

搭配造景

玉簪在与其他景观植物搭配造景时，常用作前景层面花卉，后以乔木或花灌木作背景。

1　1．用作林下地被
2　2．丛植作观赏花带
3　3．搭配造景作组合花带

1　3
4

2　5
6

1．用作前景观赏花卉　　2．用作路缘花境
3．用作观赏花卉　　4．用作林下地被植物
5．用作观叶植物　　6．用作广场树池绿化

|萱草|

名　称: 萱草
别　名: 忘忧草、小黄花菜
拉丁名: *Hemerocallis fulva*
科　属: 百合科 萱草属

识别

　　多年生宿根花卉，叶基生，长带形，叶长40~80cm，花茎粗壮，高30~120cm，着花6~12朵，聚伞花序，花橘红色至橘黄色，有短梗，呈阔漏斗形。

生长习性

　　喜光，耐旱，耐寒，环境适应性强。

文化

　　在中国，萱草被认为是一种母亲之花，在我国有几千年栽培历史，最早文字记载见之于《诗经·卫风·伯兮》："焉得谖草，言树之背"。朱熹注曰："谖草，令人忘忧；背，北堂也。"唐朝孟郊《游子诗》写道："萱草生堂阶，游子行天涯；慈母倚堂门，不见萱草花。"

1. 花序
2. 花细部特写

庭院观赏花卉

　　萱草品种多，花色漂亮，寓意美好，是常用庭院观赏花卉品种，花开时间，满院金黄，美不胜收，在绿化、美化庭院环境的同时又增添生活情趣。

花境

　　萱草形体自然优雅，花色鲜艳，野趣十足，且易于管理，常与其他景观植物组合作混合花境。

花带

　　萱草形态自然优美，形体适中整齐，花开时节靓丽显眼，常丛植作观赏花带应用于草地开阔处、林缘、路缘等景观区域，颇具野趣。

阳台美化花卉

　　萱草花色漂亮，常盆栽或插花应用于室内或阳台作观赏花卉。

景观观赏花卉

　　萱草品种丰富，花优雅美丽，是常用的园林观赏花卉品种，适合条状或自由片状栽植，用于坡地、林缘、开阔草坪等区域作景观观赏植物。

林下地被花卉

　　萱草也常被用作林下地被观赏花卉，与树木在尺度和色彩上交相呼应，景观层次丰富，视觉效果良好。

1	2
	3

1. 用作道路隔离带绿化
2. 丛植用于广场树池
3. 丛植于开阔草坪处作观赏花带

1　1．用于广场花带
2　2．用于路缘绿化

|宿根福禄考|

名　称: 宿根福禄考
别　名: 天蓝绣球、锥花福禄考
拉丁名: *Phlox paniculata*
科　属: 花葱科 福禄考属

1. 花细部特写
2. 3. 花

识 别

多年生宿根花卉，主茎直立，株高60~120cm，叶交互对生或三叶轮生，长圆形或卵状披针形，先端尖。花顶生，密集成圆锥花序，花冠高脚蝶状，先端浅5裂，花有红、蓝、紫、粉等多种色系。

生长习性

喜光，耐寒，忌高温水湿。

<table>
<tr><td>1</td><td>1. 用作花带</td></tr>
<tr><td>2</td><td>2. 作观赏花卉</td></tr>
</table>

庭院观赏花卉

宿根福禄考花序大而美丽，色彩丰富，花开时节，美艳动人，是庭院美化的理想花卉。

花坛

宿根福禄考形态齐整适中，花朵艳丽，是营建花坛的理想花卉，可与其他不同形体尺度的景观植物组合作花坛，应用于各类景观空间中，气质凸现，组合效果良好。

花境

宿根福禄考是重要的花境材料，与其他景观观赏花卉组合成形式灵活的观赏花境，用于适合的景观空间。

花带

宿根福禄考颇具野趣，常丛植或片植于草地开阔处、林缘、路缘等景观空间作观赏花带，适合应用于公园、学校、居住区、度假休闲区、风景旅游区等景观项目中。

阳台及屋顶花园

宿根福禄考适合用作阳台及屋顶花园的绿化、美化花卉材料。

搭配造景

宿根福禄考在与其他景观植物搭配造景时，常用作前景层面花卉，后以高大花卉或花灌木作背景。

|金光菊|

名　称: 金光菊
别　名: 臭菊、裂叶金光菊
拉丁名: *Rudbeckia laciniata*
科　属: 菊科 金光菊属

识 别

　　多年生宿根花卉，矮生品种，高20~30cm。叶互生，较宽厚，基生叶不分裂或羽状5~7深裂，茎生叶3~5深裂，缘有锯齿。1至数朵头状花序，生于主杆顶端，舌状花单轮，倒披针形而下垂，金黄色；管状花黄色或黄绿色。园林变种有重瓣金光菊等。

生长习性

　　喜光，耐寒，耐旱，环境适应性强。

1　1. 丛植景观效果
2　2. 花细部特写

设计应用

观赏花卉

金光菊株型优美，颜色丰富，繁花似锦，光彩夺目，且开花观赏期长，能形成长达半年之久的艳丽花海景观，是优良的园林观赏花卉，适合用于多种景观项目中。

花坛

金光菊花色品种丰富，尺度适中，花期整齐，是营建花坛的理想花卉，可与其他不同形体尺度的景观植物组合作花坛，用于各类景观空间中，营造主题、烘托气氛。

花境

金光菊颇具野趣，环境适应性强，是良好的花境组合材料，与其他景观观赏花卉组合成形式灵活的观赏花境，应用于不同的景观空间。

花带

金光菊花期长，花色明快艳丽，适合作观赏花带，应用于林缘、路缘、草坪开阔处等景观空间。

阳台及屋顶花园

金光菊花开时节，繁花似锦，美不胜收，是阳台、屋顶花园、庭院、花园等小型景观空间的理想绿化、美化植物品种。

盆栽观赏花卉

金光菊是上好的盆栽观赏花卉，适合组合摆放应用于适合的景观空间中。

搭配造景

在与其他景观植物搭配造景时，常用作中景层面或前景层面花卉，后以高大乔木或花灌木作背景，以应季低矮花卉作前景观赏植物。

菊花专类园

金光菊花期长，花色多样，适合与其他菊类植物组合用作专类观赏园，用于植物园、公园、风景旅游区等景观项目。

1. 作花境
2. 与其他植物、景观小品搭配造景
3. 丛植作前景观赏花带

|向日葵|

名　　称: 向日葵
别　　名: 葵花、朝阳花、太阳花
拉丁名: *Helianthus annuus*
科　　属: 菊科 向日葵属

1 2
3 4　　1. 叶　　2.3. 花的形态　　4. 丛植形态

识别

　　一年生，高1~4m，主茎直立且粗壮，被白色粗硬毛；叶互生，心状卵圆形，两面均被毛，端尖，叶缘有粗锯齿，叶柄较长；头状花序，花盘较大，直径10~30cm，单生于主茎顶或侧枝顶端，成熟后常下倾，总苞片卵形叶质，舌状花黄色，管状花棕色或紫色，结果实；瘦果，倒卵状或卵状长圆形，果皮木质化，白色、灰色或黑色。

生长习性

　　喜光，耐旱，忌水湿，环境适应性强，生长迅速。

设计应用

观赏花卉

向日葵形体高大、花色漂亮，代表积极向上、光明、厌恶黑暗之意，常用作观赏植物。

阳台及屋顶花园

向日葵是阳台及屋顶花园绿化、美化的优质植物，花色丰富，花期长，具有野趣，环境适应性强。

搭配造景

向日葵形体高大，在与其他景观植物搭配造景时，常用作中景层面花卉，后以高大乔木或花灌木作背景，以应季低矮花卉作前景观赏植物。

向日葵专类观赏园

向日葵品种较多，不同种类的向日葵可组合用作向日葵专类观赏园，应用于风景区、公园、生态农业旅游区等景观项目。

风景旅游区

向日葵花开时节色彩鲜明抢眼，野趣十足，广受游客喜爱，是风景旅游区常用的景观植物。

经济作物

向日葵是我国北方地区重要的经济作物。

切花

向日葵是优质的切花材料，广受人们喜爱。

1. 作经济作物
2. 作观赏花卉

1	2
3	4

3. 作路缘绿化观赏花卉
4. 片植于草坪坡地作观赏花卉

|一枝黄花|

名　称：一枝黄花
别　名：黄花草
拉丁名：*Solidago decurrens*
科　属：菊科 一枝黄花属

识别

　　多年生，高40~70cm。茎直立，不分枝或中部以上有分枝；叶互生，卵状椭圆形或披针形，长2~5cm，宽1~2cm，端尖，叶缘有锯齿，叶两面、沿脉及叶缘有短柔毛或下面无毛。头状花序较小，多数在茎上部聚生成总状花序或伞房圆锥花序，黄色。

生长习性

　　喜光，喜温暖气候，不耐寒，环境适应性强。

| 1 | |
| 2 | 3 |

1. 丛植景观
2. 花细部特写　　3. 花丛

自然花带

    一枝黄花景观感觉自然随意，常应用在草地开阔处、树丛周围及路缘等景观区域成片栽植作观赏花带，适合应用于公园、学校、度假地、风景旅游区等景观项目中。

观赏花卉

    一枝黄花叶色葱绿，花色金黄，是园林常用观赏花卉品种，广泛应用于各类景观项目中。

花坛

    一枝黄花是设置花坛的优质花卉，可与其他不同形体尺度的景观植物组合作花坛，应用于各类景观空间中，营造主题、烘托气氛。

花境

    一枝黄花颇具野趣，常用作花境材料的背景观赏花卉，与不同品种、不同尺度的植物组合成形式丰富的花境。

搭配造景

    一枝黄花形体适中，在与其他景观植物搭配造景时常用作中景层面观赏植物，以高大乔木或花灌木作背景，以低矮应季花卉作前景观赏植物，过渡自然，景观层次丰富。

1	1. 用于花坛
2 3	2. 作林下观赏花卉　　3. 片植景观效果

|八宝景天|

名　称: 八宝景天
别　名: 景天、华丽景天、八宝
拉丁名: *Sedum spectabile*
科　属: 景天科 景天属

识别

多年生，株高30~60cm，地下茎块粗壮，地上茎直立生长，全株被白粉，呈粉绿色。叶对生或3叶轮生，倒卵形，缘有波状齿。伞房花序生于枝顶，具密集小花；常见粉色、白色、紫红等色系。

生长习性

喜光，耐贫瘠，耐寒，耐干旱。

1
2
3　1.2.3. 花序

设计应用

观赏花卉

　　八宝景天花色丰富，开花时节花朵繁盛美丽，是园林常用观赏花卉品种，广泛应用于各类景观项目中。

花坛

　　八宝景天是夏秋季节设置花坛的优质花卉材料，形体统一，可与其他不同形体尺度的景观植物组合作花坛，应用于各类景观空间中，营造主题，烘托气氛。

花境

　　八宝景天野趣十足，花色丰富美丽，环境适应性强，常用作花境材料，与不同品种、不同尺度的植物组合成形式丰富的花境。

自然花带

　　八宝景天形体粗放齐整，花序繁茂，适合用于草地开阔处、林缘及路缘等景观区域片状或带状栽植作观赏花带。

阳台及屋顶花园

　　八宝景天是阳台及屋顶花园绿化、美化的优质植物，花色丰富，花期长，环境适应性强，易于管理。

盆栽观赏花卉

　　八宝景天花序美丽，常用作盆栽观赏花卉，应用于室内、阳台、庭院、花园等景观空间。

搭配造景

　　八宝景天在与其他景观植物搭配造景时常用作前景层面观赏植物，以高大花灌木作背景层面观赏植物；也常与尺度相似的低矮花卉组合带状片植。

1　1. 与其他乔灌搭配.作前景观赏花卉

2　2. 作路缘花境

3　3. 丛植于草坪开阔处作观赏花带

|白三叶|

名　　称: 白三叶
别　　名: 白车轴草
拉丁名: *Trifolium repens*
科　　属: 蝶形花科　车轴草属

1　2　　1、2.丛植景观效果
3　4　　3. 花、叶细部特写　　4. 花细部特写

识 别

　　多年生，茎细长而软，匍匐蔓生，株高10~30cm。掌状三出复叶，小叶倒卵形至近圆形，先端凹陷至钝圆，基部楔形，叶缘有细锯齿；叶表有灰白色U形斑纹。花序球形，白色或淡红色，种子卵球形。

生长习性
　　喜温暖湿润气候，耐旱，相对耐寒，较耐阴。

设计应用

1	1. 搭配造景
2　3	2. 用作庭院花池绿化　　3. 用作林下观赏地被

观赏植物

　　白三叶花色洁白，叶体优美，是园林绿化中优良的观赏植物，可应用于不同景观空间中，适合于各种类型景观项目。

花境

　　白三叶形体自然可爱，枝叶葱绿，颇具野趣，环境适应性强，是优良的花境组合材料，与其他景观观赏花卉组合成形式灵活的观赏花境，应用适合的景观空间。

地被观赏植物

　　白三叶形体统一，覆盖率高，耐阴，在园林绿化中常用作地被观赏植物，尤其适合用于乔木林下作观赏植物，或自由栽植点缀于疏林草地。

|蜀葵|

名　　称:蜀葵
别　　名:草芙蓉、一丈红
拉丁名:*Althaea rosea*
科　　属:锦葵科 蜀葵属

1	3
2	

1、2、3.花叶细部特写

识别

多年生宿根花卉,形体高大,高可达3m,茎直立,较少分枝,全株被柔毛;单叶互生,叶掌状5~7裂,叶缘有不规则锯齿,叶柄长,叶面粗糙且有皱褶。花单生于叶腋或簇生成总状花序,径8~12cm,单瓣或重瓣;主要有深红、粉红、紫红、黄、雪青、白色等色系。

生长习性
喜光,耐旱,耐寒,耐半阴,忌水湿,环境适应性强,生长迅速。

1	
2	3

1. 观赏花卉
2.3. 用作庭院观赏花卉

观赏花卉

蜀葵形体高大，花色漂亮，代表步步高升、积极向上的寓意，且环境适应性强，常用作观赏花卉。

阳台及屋顶花园

蜀葵是阳台及屋顶花园绿化、美化的优质植物，花色丰富，花期长，乡土感觉浓厚，环境适应性强。

花境

蜀葵常用作花境材料，与不同品种、不同尺度的植物组合成形式丰富的花境。

自然花带

蜀葵颇有野趣，花色丰富，花期长，常应用在草地开阔处、树丛周围及路缘等景观区域成片栽植作观赏花带，适合应用于公园、学校、度假地、风景旅游区等景观项目中。

搭配造景

蜀葵形体高大，在与其他景观植物搭配造景时常用作中景层面观赏植物，以高大乔木或花灌木作背景树，以低矮应季花卉作前景观赏植物，景观层次丰富。

|红花酢浆草|

名　　称: 红花酢浆草
别　　名: 三叶草、夜合梅、大叶酢浆草
拉丁名: *Oxalis corymbosa*
科　　属: 酢浆草科 酢浆草属

识别

　　多年生，株高10~20cm，地下具球状鳞茎，基生叶，叶柄较长，小叶3枚，倒心形。伞形花序顶生，花瓣5枚，粉红色。

生长习性

　　喜光，喜温暖湿润环境，耐旱，不耐寒。

| 1 | 1. 花丛 |
| 2 | 2. 叶细部特写 |

观赏花卉

红花酢浆草植株低矮整齐，花多叶繁，花期长，是园林中重要的花卉观赏品种。

花坛

红花酢浆草形体整齐，花期统一，是布置花坛的理想花卉品种，与其他植物灵活组合、合理布局成各种形式的花坛，用于各种景观空间。

花境

红花酢浆草适合与其他植物组合，用作四季混合花境，充分发挥各季节的花卉观赏连续性。

地被观赏植物

红花酢浆草形体统一，覆盖率高，在园林绿化中常用作地被观赏植物，尤其适合应用于乔木林下作观赏植物。

搭配造景

在与其他景观植物组合造景时，常用作地被观赏植物，在特定花境空间中可取代草坪的作用，且能组合出各种花纹图案；亦可自由栽植点缀草坪。

1　1. 丛植景观效果
2　2. 用作路缘花境

|松果菊|

名　　称: 松果菊
别　　名: 紫松果菊、紫锥花
拉丁名: *Echinacea purpurea*
科　　属: 菊科 紫松果菊属

识别

多年生宿根花卉，因头状花序似松果而得名，株高约60~150cm。全株具粗硬毛，主茎直立，基生叶卵形或阔楔形，端渐尖，缘具浅锯齿；茎生叶卵状披针形，叶柄基部稍抱茎。头状花序单生于枝顶，花径约8~10cm；舌状花一轮，紫红色，瓣端2~3裂；中心管状花突起成半球形，紫红色至深褐色。

生长习性

喜温暖气候，喜光，耐干旱，稍耐寒，环境适应性强。

1　1. 花特写
2　2. 花丛

设计应用

地被花卉

松果菊花色美丽，形体统一，环境适应性强，常用作地被花卉，应用于坡地、水畔、林下等空间，花开时节，美不胜收。

阳台及屋顶花园

松果菊环境适应性强，易于管理，常用作阳台、屋顶花园、庭院等小尺度空间的景观营造。

盆栽观赏花卉

松果菊花形独特，花色美丽，是理想的盆栽花卉，置放于阳台、花园、广场等区域观赏。

花带

松果菊形体尺度齐整，花朵繁多艳丽，适合应用于草地开阔处、林缘及路缘等景观区域片状或带状栽植作观赏花带。

花境

松果菊是重要的花境材料，可与其他观赏花卉组合成形式灵活的观赏花境，用于适合的景观空间。

搭配造景

在与其他景观植物搭配造景时，松果菊常用作前景层面花卉，后以高大花卉或花灌木作背景。

菊花专类园

松果菊花色独特美丽，适合与其他不同品种、不同种类的菊类植物组合作主题专类观赏园。

| 1 | 2 | 1. 作路缘花带　　　2. 作地被花卉
| 3 | 4 | 3. 作路缘绿化　　　4. 与其他花卉组合作观赏花带

|醉蝶花|

名　　称: 醉蝶花
别　　名: 凤蝶草、西洋白花菜、紫龙须
拉丁名: *Cleome spinosa*
科　　属: 白花菜科 白花菜属

识别

　　一年生，株高80~100cm，掌状复叶互生，小叶5~7枚，长椭圆状披针形，有叶柄，总状花序顶生，长达40cm，花多数为紫、白、粉红等色，雌雄蕊伸出花冠外，蒴果细线形。

生长习性
　　喜光，喜温暖干燥气候，稍耐阴，不耐寒。

1 　1. 花丛
2 　2. 花序

1	3
2	

1. 组合作前景观赏花卉　　2. 丛植景观效果
3. 作林下花带

花坛

醉蝶花尺度适中，花大美艳，是夏、秋季节营建花坛的理想花卉，可与其他不同形体尺度的景观植物组合作花坛，应用于各类景观空间中，气质凸现，组合效果良好。

盆栽观赏花卉

醉蝶花姿态优雅，浪漫迷人，常作盆栽观赏花卉，置放于室内、阳台、屋顶花园、庭院等小型景观空间作观赏花卉。

花带

醉蝶花形态自然优美，形体适中整齐，花大美丽，枝叶葱绿，常丛植作观赏花带，应用于草地开阔处、林缘、路缘等景观区域，颇具野趣。

花境

醉蝶花形体自然可爱，花开时节梦幻优雅，宛若翩翩仙子，适应性强，是良好的花境组合材料，与其他观赏花卉组合成形式灵活的混合花境，用于不同的景观空间。

抗污染花卉

醉蝶花是非常优良的抗污染花卉，对二氧化硫、氯气等有害气体均有较强抗性，可作为厂区、道路两侧的景观绿化花卉。

搭配造景

醉蝶花在与其他景观植物搭配造景时，常用作中景层面花卉，后以乔木或花灌木作背景，前植应季低矮花卉，过渡自然，层次丰富。

|大丽花|

名　称:大丽花
别　名:天竺牡丹、西番莲、大理花
拉丁名:*Dahlia pinnata*
科　属:菊科 大丽花属

| 1 | 2 |　1、2、3. 花细部特写
| 3 | 4 |　4. 群植景观

识别

　　多年生球根花卉，茎直立，粗壮，光滑，中空；叶对生，一至二回羽状分裂，缘具齿；头状花序，花大小、颜色及形状因品种不同而各异，花色主要有白、粉、深红、紫等色系。

生长习性
　　喜光，忌炎热高温，不耐寒，环境适应性较强。

设计应用

观赏花卉

大丽花花大色艳，富丽华贵，是世界观赏名花之一，常应用于园林中作观赏花卉。

花坛

大丽花花色丰富，花期长，是设置花坛的优质花卉材料，形体相对高大，可与其他不同形体尺度的景观植物组合作花坛，应用于各类景观空间。

花镜

大丽花形体高大，适应性强，常用作花镜材料，与不同品种、不同尺度的植物组合成形式丰富的混合花镜，应用于林缘、路缘、入口等景观空间。

自然花带

大丽花花开时节，繁盛艳丽，美不胜收，常应用于草地开阔处、林缘及路缘等景观区域成片栽植作观赏花带，适合用于公园、学校、居住区、古典园林、度假休闲区、风景旅游区等景观项目中。

搭配造景

大丽花形体高大，在与其他景观植物搭配造景时常用作中景层面观赏植物，以高大乔木或花灌木作背景树，以低矮应季花卉作前景观赏植物，景观层次丰富；大丽花也常与景石、小品搭配造景，营造主题气氛。

阳台及屋顶花园

大丽花是阳台及屋顶花园绿化、美化的优质植物，花色丰富，花期长、环境适应性强。

盆栽观赏花卉

大丽花常用作盆栽观赏花卉，花开时节繁茂美丽，观赏价值高，用于室内、阳台、庭院、花园等景观空间的绿化。

1	1．用作观赏花卉
2	2．不同花色的大丽花与其他花卉、灌木搭配
3	3．与景石组合造景，用于古典园林作观赏花坛

|大花美人蕉|

名　　称:大花美人蕉
别　　名:红艳蕉
拉丁名:*Canna generalis*
科　　属:美人蕉科　美人蕉属

| 1 | 2 | 1．2．花细部特写 |
| 3 | 4 | 3．丛植景观效果　　4．叶细部特写 |

识 别

　　多年生球根花卉，株高达 150cm，茎、叶和花序均被白粉，主茎直立；叶互生，叶卵状长椭圆形，全缘，端尖，有羽状叶脉；总状花序生于枝端，花大，较密集，花色丰富，主要有深红、橘红、白、黄等色系。

生长习性
　　喜光，喜温暖湿润气候，不耐寒，环境适应性强。

设计应用

观赏花卉

大花美人蕉形体尺度高大，花和叶均有较高的观赏价值，是园林常用观赏花卉品种，广泛应用于各类景观项目中。

花坛

大花美人蕉也常用作布置花坛，枝叶葱绿，花色鲜艳，与其他景观植物组合应用构建不同形式的主题观赏花坛。

花境

大花美人蕉是较为优秀的花境材料，形体大方，与不同品种、不同尺度的植物组合成形式丰富的花境。

自然花带

大花美人蕉景观感觉潇洒大气，常用在草地开阔处、林缘、路缘、庭院角隅等景观区域成片栽植作观赏花带，适合应用于公园、学校、度假地、风景旅游区等景观项目中。

庭院观赏花卉

大花美人蕉也常用作庭院观赏花卉，应用于屋顶花园、庭院、花园等小型景观空间。

搭配造景

大花美人蕉形体高大，在与乔木搭配造景时常用作前景观赏花卉；有时也与应季低矮观赏花卉搭配造景作中景层面观赏花木。

1. 用作路缘观赏花境
2. 作林缘观赏花带
3. 与乔木搭配作前景观赏花卉

1. 用于路缘作观赏花篱　　2. 用作庭院观赏花卉
3. 丛植景观效果　　4. 用于古典园林作观赏花卉
5. 带状丛植作前景观赏花卉

|郁金香|

名　称:郁金香
别　名:洋荷花、草麝香
拉丁名:*Tulipa gesneriana*
科　属:百合科 郁金香属

识别

　　多年生球根花卉，地下具鳞茎，茎叶光滑，被白粉。叶3~5枚，带状披针形至卵状披针形，全缘，端尖。花单生于茎顶，直立杯状；颜色丰富，主要有黄、白、红、粉、橙等颜色。

生长习性
　　喜温暖湿润气候，喜光，耐寒。

文化

　　郁金香是荷兰的国花。

```
1
2    1、2. 花细部特写
3    3. 丛植景观
```

庭院观赏花卉

郁金香是倍受世界人民喜爱的观赏名花，栽培历史悠久，花卉文化丰富，是良好的庭院观赏花卉，花开时节，满院芳菲，美不胜收。

室内美化花卉

郁金香花色丰富，艳丽夺目，主题感突出，常盆栽或插花应用于阳台或室内作观赏花卉。

景观观赏花卉

郁金香是常用的园林观赏花卉品种，适合带状丛植或自由片状栽植，用于坡地、林缘、开阔草坪等区域作景观观赏植物。

林下地被花卉

郁金香也常用作林下地被观赏花卉，与树木在尺度和色彩上产生强烈对比，景观层次丰富，视觉效果良好。

花境

郁金香形体统一，花色漂亮，常与其他景观植物组合作混合花境。

主题观赏花园

郁金香花色丰富，主题营造能力较强，适合不同品种组合用作主题观赏花园，应用于植物园、公园、度假村、风景旅游区等景观项目中。

1　1. 组合作观赏花带

2　2. 丛植于视线开阔处作前景观赏花卉

3　3. 组合作造型图案

1. 用作前景观赏花卉　　2. 曲线带状丛植作观赏花带
3.4. 片植作观赏地被花卉　　5. 种植于特色种植钵作观赏花卉

百合

名　称: 百合
别　名: 野百合、山百合
拉丁名: *Lilium browniivar, viridulum*
科　属: 百合科 百合属

识别

多年生球根花卉，株高60~150cm。茎秆直立，高60~120cm，不分枝，茎秆底部分布有褐色斑点；单叶互生，倒披针形至倒卵形，无叶柄，叶片螺旋生于茎秆上。花单生或1~6朵聚生成伞形，花冠较大，花筒较长，呈喇叭形，花被6片；品种丰富、花色多样，主要有黄、白、粉、橙红、淡紫等色系。

生长习性
喜温暖湿润气候，喜光。

文化

百合是一种从古到今都受人喜爱的世界名花，寓意清纯、高雅、心想事成、祝福、高贵、纯洁。

1	2
3	4

1. 2. 3. 4. 花的形态

庭院观赏花卉

百合是一种古往今来倍受人喜爱的观赏名花，常被视为"百年好合"的象征，是良好的庭院观赏花卉。诗人陆游曾赋诗描述百合："芳兰移取遍中林，余地何妨种玉簪，更乞两丛香百合，老翁七十尚童心"。

盆栽观赏花卉

百合花色清雅，寓意美好，清香四溢，常用作盆栽观赏花卉，花开时节繁茂美丽，观赏价值高，应用于室内、阳台、庭院、花园等景观空间。

园景观赏花卉

百合是常用的园林观赏花卉品种，适合条状或自由片状栽植应用于坡地、林缘、开阔草坪等区域作景观观赏植物。

林下地被花卉

百合也常用作林下地被观赏花卉，与树木在尺度和色彩上交相呼应，景观层次丰富，视觉效果良好。

花境

百合形体自然优雅，花朵清新亮丽，常与其他景观植物组合作混合花境。

切花

百合是倍受人们喜爱的切花材料，清香优雅，寓意美好。

| 1 | 2 | 1、2. 作观赏花卉 |
| 3 | 4 | 3. 作庭院观赏花卉　　4. 用作切花材料 |

|风信子|

名　称: 风信子
别　名: 洋水仙、五色水仙
拉丁名: *Hyacinthus orientalis*
科　属: 百合科　风信子属

1	2
	3

1. 花细部特写　　2、3. 花丛

识别

　　多年生球根花卉，地下鳞茎球形；叶基生，4~6枚，带状披针形，较为肥厚，有光泽。花葶高15~45cm，顶生总状花序，小花钟状，10~20余朵不等；有红、黄、蓝、白、紫等颜色。

生长习性
　　喜光，耐半阴，耐旱。

1	2
3	4

1．2．用作主题观赏花卉
3．用于特色花池作观赏花卉
4．植于路缘花池作观赏地被花卉

观赏花卉

  风信子芳香浪漫，充满了艺术气息，是优质的观赏花卉，应用于场地，花开时节，充满生机。

花坛

  风信子花色极佳，形体齐整，是营建花坛的理想花卉，可与其他景观植物组合应用构建不同形式的花坛，用于各类的景观空间中，气质凸现、组合效果良好。

花境

  风信子是重要的花境材料，可与其他观赏花卉组合成形式灵活的观赏花境，应用于适合的景观空间。

阳台及屋顶花园

  风信子娇媚可爱，适合用作阳台及屋顶花园的绿化、美化花卉。

搭配造景

  风信子在与其他景观植物搭配造景时，常与葡萄风信子、郁金香等植物组合造景，也可以应用于林下作地被观赏花卉。

主题观赏园

  风信子常与郁金香组合用作主题观赏花园。

|荷花|

名　称: 荷花
别　名: 莲、水芝
拉丁名: *Nelumbo nucifera*
科　属: 睡莲科 莲属

识别

多年生球根挺水花卉，株高达100cm。根状茎横生，肥厚，节间膨大，节内有多数通气的孔眼。叶基生，具长柄，盾形，径25~90cm，全缘，稍呈波状，叶脉放射状且明显；幼叶常自两侧向内反卷。花单生于花梗顶端，花大清香，径约10~20cm，有红、粉红、白、紫等色；坚果椭圆形，种子（莲子）卵形，种皮白色或红色。

生长习性

喜光，喜温暖湿润气候，不耐寒，对部分有害气体有一定抗性。

文化

荷花是中国的传统名花。花叶清秀，花香四溢，沁人肺腑。有迎骄阳而不惧，出淤泥而不染的气质。中华传统文化中，经常以荷花（即莲花）作为和平、和谐、合作、合力、团结、联合等的象征。

"接天莲叶无穷碧，映日荷花别样红。"古诗曾这般描写荷花的美不胜收景观。

1
2　1. 叶细部特写
3　2.3. 花细部特写

设计应用

观赏花卉

    荷花是中国的十大名花之一，花大而美丽，清香优雅，亭亭玉立，代表着一种高洁、出污泥而不染的品质，深受人们喜爱，是传统重要的水生观赏花卉。

水景造景植物

    荷花是园林造景的重要花卉，可片植于大水面，形成"接天莲叶无穷碧，映日荷花别样红"的美丽景观；亦可三五丛植于小水面区域。

荷花专类观赏园

    在公园、风景区、度假休闲区等景观项目中，荷花常结合水体作荷花专类主题观赏园，观赏效果良好，广受人们喜爱。

水体净化植物

    荷花是良好的水体净化植物，与其他水体净化植物组合成水体自然净化系统，可帮助被污染水体恢复生态平衡。

盆栽观赏花卉

    荷花常盆栽作观赏花卉，应用于室内、阳台、庭院等景观空间，美化和活化环境。

1. 片植作滨水美化绿化植物
2. 用作水体净化植物
3. 片植于大型水面作观赏植物

1	2
3	4
5	

1. 丛植于小型水体中央作观赏花卉　　2. 用作观赏花卉

3. 应用于风景旅游区作观赏水生植物　　4. 与其他水生植物组合造景

5. 应用于古典园林水域

|芦苇|

名　称:芦苇
别　名:苇子
拉丁名:*Phragmites australis*
科　属:禾本科 芦苇属

识别

　　多年生，根系发达，主秆直立，高可达3~5m。叶披针状线形，端尖，叶长达15~45cm，宽1~3cm。圆锥花序顶生，长10~40cm，着生稠密下垂的小穗，雌雄同株。

生长习性

　　耐寒，不耐干旱，喜水，常生长于湿地、水渠、河堤等区域，环境适应性强。

文化

蒹 葭 （出自诗经秦风）
蒹葭苍苍，白露为霜。所谓伊人，在水一方。
溯洄从之，道阻且长。溯游从之，宛在水中央。
蒹葭凄凄，白露未晞。所谓伊人，在水之湄。
溯洄从之，道阻且跻。溯游从之，宛在水中坻。
蒹葭采采，白露未已。所谓伊人，在水之涘。
溯洄从之，道阻且右。溯游从之，宛在水中沚。
蒹葭者，芦苇也。

1　1. 丛植景观效果
2　2. 花序特写

1	2	1．作护岸植物　　2．丛植于水体岸边作滨水绿化
3	4	3．用作花境　　4．作水岸护坡植物

水生观赏植物

　　芦苇常生于浅水或湿地等环境中，是园林绿化中常用的水生植物，可栽植应用于池边、湖畔、湿地、河道两侧作观赏植物。

特色花坛

　　芦苇野趣十足，常用于花坛或主题花坛中，与水、主题景观小品等组合，相映成趣，为花坛增添不少野趣。

风景区、保护区常用植物

　　芦苇是湿地保护区及风景区等景观项目中常用的集水体保护与观赏为一体的植物。

水岸护坡植物

　　芦苇环境适应性强，生长旺盛，是水岸护坡常用的景观植物。

经济植物

　　芦苇秸秆可用来制作精美的工艺编织品，同时也是造纸的上好原料，可规模栽植作经济植物。

|千屈菜|

名　称:千屈菜
别　名:水柳、水枝柳
拉丁名:*Lythrum salicaria*
科　属:千屈菜科 千屈菜属

识 别

多年生，丛生状，地下根木质化，地上茎直立，四棱形，高30~100cm，多分枝，基部木质化。叶对生或三叶轮生，披针形，全缘。若干小聚伞花序组成长穗状花序，顶生，小花多而密集，花紫红色。

生长习性

喜温暖气候，喜光，喜水湿，环境适应性强，比较耐寒。

1. 花细部特写
2. 单丛全貌

设计应用

观赏花卉

　　千屈菜形态整齐秀美，花色鲜艳醒目，是园林常用的滨水观赏植物，适用于不同类型的景观项目，观赏效果良好。

滨水自然花篱

　　千屈菜是作滨水花篱的优质材料，成带状种植于水渠、河岸、湖畔等景观空间，自然美观，花色漂亮，姿态洒脱，且易于管理维护。

花坛

　　千屈菜尺度适中，花色艳丽，是营建主题花坛的理想花卉，可与其他不同形体尺度的景观植物组合作花坛，用于各类景观空间中，气质凸现，组合效果良好。

花境

　　千屈菜形体自然，颇具野趣，适应性强，是良好的花境组合材料，与其他观赏花卉组合成形式灵活的混合花境，用于适合的景观空间。

盆栽观赏植物

　　千屈菜形体优美，花色漂亮，适合盆栽，用于庭院、阳台、花园等小型水景空间作观赏植物。

搭配造景

　　千屈菜形体适中，在与其他景观植物搭配造景时常用作中景层面观赏植物，以高大乔木或花灌木作背景，以低矮应季花卉作前景观赏植物，过渡自然，景观层次丰富。

1

2　　1.2. 作庭院观赏花卉（夏）

3　　3. 与景石搭配造景

|水葱|

名　称: 水葱
别　名: 翠管草、冲天草
拉丁名: *Scirpus tabernaemontani*
科　属: 莎草科 藨草属

识别

多年生水生植物，地下根茎较为发达，地上茎直立，高可达2m，圆柱形，中空，灰绿色；叶较小，鞘状，生于茎基部；聚伞花序顶生，略下垂，花小，黄褐色。

生长习性

喜光，喜温暖湿润气候，耐寒，耐阴，不耐干旱，环境适应性强。

| 1 | 1. 丛植全貌 |
| 2 3 | 2. 冠　3. 茎 |

| 1 | 2 | 1.作水体净化植物 | 2.作水岸观赏花卉 |
| 3 | 4 | 3.与景石搭配造景 | 4.作滨水植物景观 |

观赏花卉

　　水葱常植于沼泽或湿地等浅水环境，是园林绿化中常用的水生植物，可片状栽植用于池边、湖畔、湿地、河道两侧作观赏植物。

花坛

　　水葱植株齐整适中，野趣十足，常用于主题花坛中，与水、主题景观小品等组合造景，相映成趣，为花坛增添不少野趣。

风景区、保护区常用植物

　　水葱是湿地保护区及风景区等项目常用的集水体保护与观赏为一体的植物。

盆栽观赏植物

　　水葱形体高大，茎端正美丽，常用作盆栽观赏水生植物。

|睡莲|

名　称:睡莲
别　名:子午莲、水芹花
拉丁名: *Nymphaea tetragona*
科　属:睡莲科 睡莲属

| 1 | 2 |　1. 花叶特写（白色）　　2. 丛植景观效果
| 3 | 4 |　3. 花叶特写（红色）　　4. 花特写

识别

　　多年生水生花卉，根状茎粗短，叶丛生，具细长叶柄，浮于水面；叶纸质，叶呈圆形或卵状椭圆形，具深缺刻，约占叶片全长的1/3，全缘，上面绿色，背面带红色或紫色。花单生于花柄顶端，径约5~6cm，有白色、深红、紫红、蓝、淡黄等多种色系；浆果球形，内含椭圆形黑色小坚果。

生长习性

　　喜强光，耐寒，环境适应性较强，栽培水深10~60cm。

文化

　　睡莲是泰国、孟加拉国、印度、柬埔寨的国花。

观赏花卉

　　睡莲栽培历史悠久，姿态优雅，叶形秀美，花色美丽丰富，自古以来是园林中非常重要的水生观赏花卉。

水生植物专类观赏园

　　睡莲是重要的浮水花卉，姿态飘逸优雅，与其他水生植物组合作水生植物观赏园，应用于公园、风景区、度假地等景观项目中。

水体净化植物

　　睡莲能吸收水体内的有害物质，是良好的水体净化植物，与其他水体净化植物组合成水体自然净化系统，可帮助被污染水体恢复生态平衡。

盆栽观赏花卉

　　睡莲花型小巧，清新可爱，常盆栽作观赏花卉，应用于室内、阳台、庭院等景观空间，美化和活化环境。

1　1．作观叶植物
2　2．作水体净化植物
3　3．用于水生植物观赏园

1. 用于风景旅游区
2. 植于水体中作观赏植物

|王莲|

名　称: 王莲
别　名: 水玉米、亚马逊王莲
拉丁名: *Victoria amazonica*
科　属: 睡莲科 王莲属

丛植全貌

识别

　　多年生浮水花卉，叶较大，呈椭圆形至圆形，直径可达1~2m，叶缘直立，高8cm左右，叶面光滑，绿色，背面带紫色；叶柄绿色较长，粗且有刺，叶脉放射网状结构。

生长习性

　　喜光，适合在高温、高湿、阳光充足环境中生长，栽培水深约为30~40cm。

应用于庭院水体作观叶植物

观赏花卉

　　王莲造型艺术、奇特，叶形秀美，是园林中非常重要的水面绿化植物，也是重要的水生观赏花卉。

水生植物专类观赏园

　　王莲叶形奇特，颇具吸引力，可与其他水生植物组合，作为水生植物观赏园，用于公园、度假休闲区、风景区等景观项目。

水体净化植物

　　王莲能吸收水体内的有害物质，是良好的水体净化植物，与其他水体净化植物组合成水体自然净化系统，可帮助被污染水体恢复生态平衡。

|彩叶草|

名　　称: 彩叶草
别　　名: 五色草、五色苏、五彩苏、洋紫苏
拉丁名: *Coleus scutellarioides*
科　　属: 唇形科 鞘蕊花属

1 2　　1. 全貌
3 4 5　　2. 3. 4. 5. 叶细部特写

识别

　　多年生，茎细长而软，匍匐地面，植株高30~70cm。单叶对生，叶倒卵形，叶缘有细锯齿；叶片绿色，有淡黄、桃红、朱红、紫等色彩鲜艳的斑纹。头状花序，花小，蓝紫色，种子近圆形。彩叶草变种极多，叶型、色彩各不相同。

生长习性
　　喜温暖湿润气候，耐旱，相对耐寒。

设计应用

观赏花卉

彩叶草形体尺度适中，叶色丰富多彩，是优秀的观叶植物，环境适应性强，是园林常用观赏花卉品种，广泛应用于各类景观项目中。

花坛

彩叶草是设置花坛的优质花卉，叶色种类多，可与其他不同形体尺度的景观植物组合作平面花坛、立体花坛、花雕等景观造型，用于各类景观空间，色彩突出。

花境

常与其他景观植物组合用作观赏花境，用于庭院、路缘、林缘、向阳坡地、开阔草地等景观空间，活跃气氛、丰富景观。

花带

彩叶草常用作观赏花带，叶色鲜明、丰富，可组合成不同造型花带，用于开阔草坪、林下等景观空间，适合于不同类型的项目。

阳台及屋顶花园

彩叶草也常被用作阳台、屋顶花园、庭院等小尺度景观空间的景观营造。

盆栽观赏花卉

彩叶草是理想的盆栽花卉，盆栽置放于阳台、花园、广场等区域观赏。

搭配造景

在与其他景观植物搭配造景时，常用作前景层面花卉，后以高大花卉或花灌木作背景。

1. 用于花境
2. 用于节日花坛
3. 用于立体花坛

|虎尾兰|

名　称: 虎尾兰
别　名: 虎皮兰、千岁兰
拉丁名: *Sansevieria trifasciata*
科　属: 百合科　虎尾兰属

识 别

多年生，植株高度因品种而异。独立成株，叶簇生于地下根茎，叶呈肉质状，披针形或剑形，全缘，端尖，常纵向卷曲；叶面有不同形态的深绿色横斑纹，像虎尾，故名"虎尾兰"。总状花序，白色或淡绿色。

生长习性
耐旱，耐湿，不耐寒，忌水涝。

1　1. 叶
2　2. 叶细部特写

观赏植物

　　虎尾兰是热带及亚热带地区常用的观赏植物品种，自由片状、带状栽植应用于路缘、水畔、林下、建筑周边等景观空间。

花坛

　　虎尾兰形体齐整，叶形优美，与其他景观植物组合作花坛，常用作背景层面植物营造景观。

盆栽观赏花卉

　　虎尾兰叶形漂亮，观赏价值高，是常用的盆栽观赏植物品种，应用于室内、阳台、屋顶花园等空间，不但美化、绿化空间，而且对室内空气有较强的净化能力。

地被植物

　　虎尾兰有一定的耐阴性，在热带地区常应用于林下区域作地被观赏植物，形态统一，覆盖率高。

搭配造景

　　在与其他景观植物搭配造景时常用作前景观赏植物，后以高大花木作为背景。

1	2	1．用作基础绿化
	3	2．作观叶植物
		3．作庭院盆栽观赏花卉

|万年青|

名　　称: 万年青
别　　名: 九节莲、冬不凋、铁扁担
拉丁名: *Rohdea japonica*
科　　属: 百合科 万年青属

识别

多年生，根状茎较粗短，节处有根须；叶3~6枚，基部丛生，厚纸质，披针形或倒披针形，端尖，表面富有光泽。穗状花序顶生，3~4cm，花小密集，苞片卵形，膜质；浆果球形，成熟后红色。

生长习性

喜半阴环境，不耐旱，稍耐寒，忌积水。

1		
2	3	

1. 叶细部特写
2、3. 花细部特写

阴生观赏植物

万年青四季常青，枝叶葱绿，是园林绿化中优良的观赏植物品种。其耐阴性强，常作基础栽植应用于山体及建筑被阴面区域。

花镜

万年青形态自然优美，适合与其他景观植物组合作混合花境。

地被观赏植物

万年青形体统一，覆盖率高，在园林绿化中常用作地被观赏植物，尤其适合应用于乔木林下作观赏植物。

盆栽观赏花卉

万年青形体适中、花色漂亮，可用作盆栽观赏花卉，用于屋顶花园、庭院等小型景观空间的绿化。

搭配造景

万年青在与其他景观植物搭配造景时常用作前景层面观赏植物，后以高大花卉或花灌木为背景。

1. 用作路缘绿化
2. 作观赏花卉
3. 用作花境

|仙客来|

名　称: 仙客来
别　名: 兔子花、萝卜海棠、一品冠
拉丁名: *Cyclamen persicum*
科　属: 报春花科 仙客来属

识别

　　多年生球根花卉，块茎扁圆球形或球形，肉质。叶片由块茎顶部丛生，心圆形或卵圆形，缘有细锯齿，绿色，叶面具有灰白色或灰色晕斑纹；叶柄较长，红褐色，肉质。花单生于花茎顶部，花朵下垂，花瓣向上反卷，犹如兔耳，花色丰富，主要有白、粉红、玫瑰红、深红、青莲等色。

生长习性

　　喜凉爽、湿润气候，喜光。

| 1 | 2 | 1、2、3. 花细部特写 |
| 3 | 4 | 4. 花丛效果 |

观赏花卉

仙客来株形尺度较小，花色丰富多彩，是优秀的观花植物，环境适应性强，是园林常用观赏花卉品种，广泛应用于各类景观项目中。

盆栽观赏花卉

仙客来适宜于盆栽观赏，花色漂亮，形体轻巧，别致可爱，非常适合家居装饰，置于阳台、几案、书架等空间，温馨可爱，充满情趣。

花境

仙客来形体较小，花朵美艳，是上好的花境材料，与其他景观观赏花卉组合成形式灵活的观赏花境，应用于适合的景观空间。

花带

仙客来花开时节，花色艳丽，可片植、丛植成不同形态的观赏花带，应用于水畔、路缘、开阔草坪、林下等景观空间，适合于不同类型的项目。

搭配造景

在与其他景观自植物搭配造景时，常用作前景观赏植物，以高大花卉或花灌木作背景。

1	2
	3

1. 作盆栽观赏花卉
2.3. 作室内景观花卉

|四季秋海棠|

名　称: 四季秋海棠
别　名: 八月香
拉丁名: *Begonia semperflorens*
科　属: 秋海棠科 秋海棠属

识别

　　多年生宿根花卉，高度为15~30cm，叶色有绿叶色系或红褐叶色系，缘有锯齿。花顶生或腋生，聚伞花序；花期较长，花色丰富，有红色、粉红色、橙红色、白色或混合复色。

生长习性

　　喜温暖，不耐寒，喜半阴，耐旱，环境适应性较强。

1　1. 丛植景观效果
2　2. 花叶细部特写

设计应用

观赏花卉

　　四季秋海棠花期长，花色丰富，是园林绿化中常用的观赏花卉品种。

盆栽观赏花卉

　　四季秋海棠花色艳丽，且耐半阴，环境适应性强，是理想的盆栽花卉，盆栽置放于阳台、花园、广场等区域观赏。

花坛

　　四季秋海棠是布置花坛的重要材料，形态齐整，花期统一，可与其他不同形体尺度的景观植物组合作花坛，并且可以组合构建成色彩多样、造型各异的绿雕、立体花坛等，应用于各类景观空间中，活化和美化环境。

花境

　　四季秋海棠花色美观，形体矮小，适合与其他景观植物组合用作观赏花境，应用于适合的景观空间。

搭配造景

　　四季秋海棠常与夏堇、三色堇、矮牵牛、一串红等花期长、尺度适中的花卉组合应用造景。在与其他景观植物搭配造景时，常用作前景层面花卉，或作地被观赏花卉。

1　1. 用于节日花坛

2　2. 搭配组合图案

3　3. 用作林缘花境

1	2
3	4
5	6

1、2、3、4. 用作立体花坛

5. 用作花柱　　　6. 丛植用于组合观赏花带

|吊竹梅|

名　称：吊竹梅
别　名：吊竹兰、斑叶鸭跖草、吊竹草
拉丁名：*Zebrina pendula*
科　属：鸭趾草科 吊竹梅属

识别

多年生常绿宿根花卉，蔓生，茎细弱，绿色，下垂，多分枝；叶长椭圆形，叶面绿色，有两条宽阔银白色条纹，中间及边缘有紫色条纹；小花白色腋生。

生长习性

喜温暖湿润环境，耐半阴，不耐寒，忌炎热。

1 1.叶细部特写
2 2.丛植效果

设计应用

观赏花卉

吊竹梅奇特美丽，是园林常用的优秀观叶植物，广泛应用于各类景观项目中。

盆栽观赏花卉

吊竹梅适合用作盆栽观赏花卉，摆放在阳台、屋顶花园、庭院等小型景观空间中；亦可用栽植于吊盆，用于墙体、廊架等垂直景观绿化中，充满生机与活力。

花坛

吊竹梅是布置花坛的优质花卉，形体适中，叶色独特，可与其他不同形体尺度的景观植物组合，作小型花坛及大型组合盆栽材料，同时适合作基础和背景层面花卉，色彩突出。

花境

常与其他景观植物、园林小品等组合用作观赏花境，用于庭院、路缘、林缘、向阳坡地、开阔草地等景观空间，活跃气氛、丰富景观的绿化。

搭配造景

吊竹梅叶色美丽，耐阴性强，在与其他景观植物搭配造景时常用作地被观赏花卉。

1. 与其他花卉组合造景应用于种植钵
2. 作观赏花卉应用于种植钵
3. 盆栽作观赏花卉

|肾蕨|

名　称: 肾蕨
别　名: 蜈蚣草、圆羊齿、篦子草
拉丁名: *Nephrolepis cordifolia*
科　属: 骨碎补科 肾蕨属

1
2

1. 丛植效果
2. 叶细部特写

识别

　　肾蕨为地生或附生蕨, 株高一般30~60cm, 根状茎的主轴向四周伸长形成匍匐茎, 密生鳞片。叶簇生, 直立, 披针形, 长30~70cm, 宽3~5cm, 一回羽状复叶, 羽片较多, 以关节着生于叶轴, 互生, 叶近革质, 缘有疏浅钝齿。

生长习性
　　喜温暖、湿润、半阴的环境生长, 忌阳光直射。

设计应用

观赏花卉

　　肾蕨叶色浓绿、四季常绿，观赏价值高，是园林中广泛应用的观赏蕨类。

盆栽观赏花卉

　　肾蕨形态自然、株形丰满，是室内良好的蕨类绿化品种，常用于客厅、办公室和卧室的美化绿化环境。

垂直绿化

　　肾蕨叶形优美，非常适合栽植用于吊盆观赏，悬挂于亭台廊架、室内墙体等竖向空间作观赏植物，别致有趣。

地被植物

　　肾蕨形体统一，尺度适中，常用于建筑周边、过道两侧、林下等景观空间作地被观赏植物。

1　1. 用于主题观赏园
2　2. 用作路缘花境

|巢蕨|

名　称: 巢蕨
别　名: 鸟巢蕨、山苏花
拉丁名: *Neottopteris nidus*
科　属: 铁角蕨科 巢蕨属

识别

　　多年生常绿大型附生植物，附生于树体及岩石上，形似绿色鸟巢，故名"鸟巢蕨"。株高80~120cm；叶丛环生于根状茎周围，革质有光泽，叶披针形，端尖，全缘，叶缘软骨质，叶脉较为突出，两面稍隆起有皱褶。

生长习性

喜温暖、阴湿环境，不耐寒。

1　1. 顶冠特写
2　2. 叶细部特写.

设计应用

观赏花卉

　　巢蕨叶片大而密集，色泽鲜亮，四季常绿，是优良的附生性观叶蕨类植物，常植于室内、水边、庇荫处用作观赏植物，形态奇特，野趣萌生。

盆栽观赏花卉

　　巢蕨形态自然，富有美感，是室内良好的蕨类绿化品种，常用于室内、阳台、屋顶花园等空间，不但美化、绿化空间，而且对室内空气有较强的净化能力。

地被观赏花卉

　　巢蕨形体统一，覆盖率高，耐阴性强，在园林绿化中常用作地被观赏植物，尤其适合应用于乔木林下作观赏植物。

垂直绿化植物

　　巢蕨常附生于树体上，亦可盆栽悬吊空中，是良好的垂直绿化植物。

搭配造景

　　巢蕨在与其他景观植物搭配造景时常用作前景层面观赏植物，后以高大花卉或花灌木为背景。

1 　1．用作观赏植物
2 　2．用于路缘花境

作观赏植物

|金琥|

名　称: 金琥
别　名: 象牙球、金桶球
拉丁名: *Echinocactus grusonii*
科　属: 仙人掌科 金琥属

识别

　　茎呈圆球形，单生或丛生，球径可达50cm，球顶密被金黄色柔毛，具棱21~37个，刺密生，刺顶端呈金黄色，下端变成灰褐色，长3~5cm；钟状花生于球顶部，黄色。

生长习性
　　喜温暖、干燥气候，喜光，不耐阴，忌水湿。

1　　1. 丛植景观
2　　2. 细部特写

| 1 | 1. 用作专类观赏园 |
| 2 | 2. 用作盆栽观赏花卉 |

观赏花卉

　　金琥寿命长，栽培容易，易于维护，成年大金琥景观感觉金碧辉煌，观赏价值极高，是十分理想的家居绿化装饰、观赏植物。

沙地植物观赏园

　　可与其他热带沙地植物组合作主题沙地植物观赏园。

盆栽观赏花卉

　　金琥造型漂亮，观赏价值高，是常用的盆栽观赏植物品种，栽植于室内、阳台、屋顶花园等空间，不但美化、绿化空间，而且对室内空气有较强的净化能力。

|绿萝|

名　称: 绿萝
别　名: 魔鬼藤
拉丁名: *Epipremnum aureum*
科　属: 天南星科 麒麟叶属

1 　1. 叶丛
2 　2. 全貌

识别

多年生，藤长可达10多米，节间有气生根。叶片宽卵形或卵心形，端尖，基部心形，薄革质，绿色，少数叶片略带黄色斑驳。

生长习性

喜温暖、潮湿环境，亦可水培。

1	2	1. 用作树木枝干绿化
	3	2. 作垂直绿化　3. 作路缘花境

盆栽观赏花卉

　　绿萝是优良的室内装饰植物之一，攀藤观叶花木，叶片大而美丽，极富生机，不仅绿化环境，而且给居室增添融融情趣。

观赏攀藤植物

　　绿萝藤条蜿蜒奇美，枝叶茂密，花色漂亮，是园林绿化用树中重要的观赏藤木，可孤植或丛植于草坪、水畔山石间、亭台旁作观赏藤木，亦可引其攀升，景观观赏效果良好。

廊架攀藤植物

　　绿萝是常用的廊架绿化藤木，可引其攀升，形成自然的绿荫空间，枝浓叶茂，廊架下设座椅桌台，是良好的休憩空间，常应用于庭院花园、居住区、学校、公园、宾馆、度假村、旅游景区、社区公园等众多景观项目。

树体、墙面竖向绿化藤木

　　在园林绿化中常用绿萝来绿化和美化树体及墙面，活跃气氛，增加绿色空间。

猪笼草

名　　称: 猪笼草
别　　名: 水罐植物、猴水瓶、猪仔笼
拉丁名: *Nepenthes mirabilis*
科　　属: 猪笼草科 猪笼草属

识别

多年生宿根植物，因为形状像猪笼，故称猪笼草。茎木质或半木质；叶为长椭圆形，末端有笼蔓，以便于攀援。在笼蔓的末端会形成一个瓶状或漏斗状的捕虫笼，并带有笼盖，笼内能分泌粘性汁液，可溺死落入袋中的昆虫，进而将其分解吸收。目前常见栽培大型种捕虫笼及"紫斑猪笼草"。

生长习性

喜光，喜高温高湿环境，不耐寒。

1. 叶细部特写
2. 捕虫笼细部特写

室内观赏植物

　　猪笼草独特美丽，极富生机，是优良的室内装饰植物，不仅绿化环境，而且给居室增添生机。

观赏攀藤植物

　　猪笼草枝叶茂密，是园林绿化用树中重要的观赏藤木，可孤植或丛植于草坪、水畔山石间、亭台旁作观赏藤木，亦可引其攀升，景观观赏效果良好。

盆栽观赏花卉

　　猪笼草的独特捕虫笼颇具吸引力，适合盆栽悬吊观赏，应用于屋顶花园、庭院、主题花园等小型景观空间。

|蝴蝶兰|

名　称: 蝴蝶兰
别　名: 蝶兰
拉丁名: *Phalaenopsis aphrodita*
科　属: 兰科 蝴蝶兰属

识别

属单茎性附生兰，茎较短，具肉质根和气生根。叶基生，相对较大，宽椭圆形，肉质肥厚，拱形下垂，全缘，革质。花茎从叶丛中抽出，稍弯曲，常有分枝；花大，花期长，因花形似蝶，故得名"蝴蝶兰"，有"兰中皇后"之美誉。

生长习性
喜高温高湿气候，不耐寒，耐半阴。

文化

蝴蝶兰是一种美丽而又极具观赏价值的兰花，是世界上重要的兰花切花品种之一，有"兰中皇后"之美誉。

1
2
3　1. 2. 3. 花丛形态

1	2
	3

1. 作切花
2. 作主题观赏花卉　　3. 用于花廊

观赏花卉

　　蝴蝶兰是一种美丽而又极具观赏价值的花卉，是世界上重要的兰花切花品种之一，适合于家庭居室和办公室瓶插，也是加工花束、小花篮的高档用花材料，花色漂亮，高贵典雅，是重要的礼品花卉。

盆栽观赏花卉

　　蝴蝶兰造型优美、花色漂亮，是珍贵的盆栽观赏花卉，亦可悬吊式种植，应用于屋顶花园、庭院、花园等小型景观空间。

兰花专类观赏园

　　蝴蝶兰气质独特，花形美丽如彩蝶飞舞，常与其他兰科花卉组合用作专类观赏园。

|君子兰|

名　称: 君子兰
别　名: 剑叶石蒜、大花君子兰
拉丁名: *Clivia miniata*
科　属: 石蒜科 君子兰属

识别

多年生宿根花卉，茎短粗，基生叶质厚，两列交叠互生，宽大扁平带状，长30~50cm，深绿色，革质具光泽。花茎高约30~50cm，花漏斗状，10~20朵生于花茎成伞形花序，花梗长2.5~5cm，花有鲜红、橙红、橙黄等色。浆果紫红色，宽卵形。

生长习性

喜温暖湿润气候，不耐寒，耐半阴，忌炎热。

1		1. 全貌
2	3	2、3. 花的特写

作盆栽观植物应用于温室栽培

观赏花卉

君子兰花色鲜艳娇美,叶片似剑,观赏期长,象征着富贵吉祥、繁荣昌盛和幸福美满,深受人们喜爱,适合于盆栽或瓶插于家庭居室、办公室等环境,是重要的礼品花卉。

盆栽观赏花卉

君子兰叶色优美,花色漂亮,可用作盆栽观赏花卉,用于室内厅堂、屋顶花园、庭院等小型景观空间的绿化。

|鹿角蕨|

名　称: 鹿角蕨
别　名: 蝙蝠蕨、鹿角山草
拉丁名: *Platycerium wallichii*
科　属: 鹿角蕨科 鹿角蕨属

识别

　　多年生附生草本，常附生于树干分枝处、树皮裂缝间或山石上。根状茎肉质，基生不育叶，扁平无柄，全缘有浅裂。可育叶直立或下垂，基部楔形，长25~100cm，叶形奇异，二至五回交叉裂，形似鹿角，故名"鹿角蕨"。

生长习性

　　喜温暖阴湿环境，忌强光直射，以漫射光为好，冬季温度不低于10℃。

1　1. 叶细部特写
2　2. 基生叶细部特写

1. 作树体绿化
2. 作观赏植物

观赏花卉

鹿角蕨是观赏蕨类植物中常用的品种，叶形奇特别致，是优秀的园林绿化植物。

室内观赏植物

鹿角蕨造型艺术，是室内美化、绿化的优质材料，鹿角蕨常与其他植物及装饰品组合造景，用以点缀书房、客厅、窗台及墙体等景观空间。

盆栽观赏花卉

鹿角蕨形态自然艺术，是室内良好的蕨类绿化品种，盆栽用于美化、绿化居家、办公环境，情趣盎然。

吊盆栽植

鹿角蕨叶形优美，适合用作吊盆栽植观赏，悬挂于亭台廊架、室内墙体等竖向景观空间作垂直绿化观赏植物，别致有趣。

|艳山姜|

名　称: 艳山姜
别　名: 月桃、玉桃
拉丁名: *Alpinia zerumbet*
科　属: 姜科 山姜属

| 1 | 1. 丛植景观 |
| 2 | 2. 叶细部特写 |

识 别

多年生，株高1~3m，根茎横生。叶互生，披针形，革质，边缘具短柔毛，两面无毛。圆锥花序，下垂，长达30cm。花白色。

生长习性

喜光，喜温暖湿润气候，不耐寒，较耐阴。

观赏花卉

艳山姜形体尺度高大，叶色鲜亮美丽，是园林常用观赏花卉品种，广泛应用于各类景观项目中。

花境

艳山姜是较为优秀的花境材料，葱绿茂密，与不同品种、不同尺度的植物组合成形式丰富的花境，尤其适合应用于滨水环境。

自然花带

艳山姜景观观赏效果良好，常用在草地开阔处、林缘、路缘等景观区域成片栽植作观赏带，适合用于公园、学校、度假地、风景旅游区等景观项目的绿化。

庭院观赏花卉

艳山姜也常用作庭院观赏植物，与水畔、山石小品组合造景，绿化环境，增添情趣。

地被观赏植物

艳山姜形态统一，覆盖率高，在园林绿化中常用作地被观赏植物，尤其适合在乔木林下作观赏植物。

搭配造景

艳山姜形体高大，枝叶茂密，在与其他景观植物搭配造景时常用作前景或中景层面观赏植物，后以花灌木为背景，前栽植应季低矮观赏花卉，景观层次丰富，节奏感强。

1	3
2	

1. 作路缘花境
2. 作观叶植物
3. 作路缘绿化

|凤梨|

名　　称: 凤梨
别　　名: 菠萝花
拉丁名: *Ananas*
科　　属: 凤梨科 凤梨属

1	2
	3

1、2. 花细部特写
3. 花叶特写

识 别

　　凤梨类花卉茎短或无茎，叶莲座状基生，剑形，长40~90cm，硬革质，全缘，端尖。花序从叶丛抽出，呈圆锥状、总状或穗状，具苞片；花瓣长椭圆形，端尖；花有红、黄、蓝、淡紫红及白等色系。

生长习性
　　喜光，耐半阴。

观赏花卉

　　凤梨品种丰富，色泽艳丽，花形多样，是倍受人们喜爱的观赏花卉，也是传统的庭院观赏花卉。

盆栽观赏花卉

　　凤梨花色热烈，艳丽夺目，主题感突出，常盆栽或插花应用于居室、阳台、厅堂、入口等空间作观赏花卉。

花坛

　　凤梨花色极佳，形态齐整，是营建花坛的理想花卉，可与其他景观植物组合应用构建不同形式的花坛，用于各类的景观空间中，气质凸现、组合效果良好。

花境

　　凤梨是重要的花境材料，可与其他观赏花卉组合成形式灵活的观赏花境，用于适合的景观空间。●

花带

　　凤梨常用作观赏花带，形体统一，叶色葱绿，可丛植成不同形态的景观花带，应用于水畔、路缘、开阔草坪、林下等景观空间，适合于不同类型的项目。

地被花卉

　　凤梨耐半阴，常用作林下地被观赏花卉，与树木在尺度和色彩上形成强烈对比，景观层次丰富，视觉效果良好。

搭配造景

　　凤梨尺度适中，在与其他景观植物搭配造景时常用作前景或中景层面观赏植物，后以花灌木为背景，前栽植低矮应季观赏花卉，景观层次丰富，节奏感强。

| 1 | 1.作观赏花卉 |
| 2 3 | 2.3.作温室栽培植物 |

|一串红|

名　称：一串红
别　名：爆竹红、炮仗红、墙下红
拉丁名：*Salvia splendens*
科　属：唇形科 鼠尾草属

1	2
3	4

1. 丛植景观效果　　2. 花丛
3. 花序特写　　4. 花细部特写

识别

　　多年生，作一年生栽培，株高约15~90cm。全株光滑，茎四棱形，多分枝；叶对生，卵圆形或三角状卵圆形，长3~8cm，端尖。轮伞花序具2~6朵花，聚生成顶生总状花序，花唇形，下唇比上唇短，花色丰富，有鲜红、紫、白等色，红色品种常见应用。

生长习性
　　喜强光，耐旱，环境适应性较强。

设计应用

观赏花卉

　　一串红花期长，花色漂亮，寓意美好，广受人们喜爱，是园林绿化中常用的观赏花卉品种。

花坛

　　一串红形体适中，花期一致，是布置花坛的优质材料，可与其他不同形体尺度的景观植物组合作平面花坛、立体花坛、花雕等观赏形体，用于各类景观空间中。

花带

　　一串红花色鲜艳夺目，形体齐整，常片植于草地开阔处、疏林草地、林缘、路缘、水畔等景观区域作观赏花带，也可以与其他花卉组合作观赏花带。

盆栽观赏花卉

　　一串红环境适应性强，是理想的盆栽花卉，盆栽置放于阳台、花园、广场等区域观赏。

搭配造景

　　一串红常与万寿菊、三色堇、夏堇、四季秋海棠等花期长、尺度适中的花卉组合应用造景。在与其他景观植物搭配造景时，常用作前景层面花卉，后以高大花卉或花灌木作背景。

| 1 | 2 | 1. 用于主题花坛　　2. 作组合文字、图案形式的花坛 |
| 3 | 4 | 3. 作花境　　4. 丛植作观赏花带 |

1	2
3	4
5	6
7	8

1．大面积种植营造花海景观　　2．丛植于种植池应用于广场　　3．与其他花卉组合作花坛　　4．用作花境

5．作观赏花带　　6．用作盆栽观赏　　7．组合作观赏花带　　8．栽植于种植钵应用于广场

|红掌|

名　　称: 红掌
别　　名: 花烛、安祖花、火鹤花、红鹤芋
拉丁名: *Anthurium andraeanum*
科　　属: 天南星科 花烛属

识别

多年生常绿宿根花卉，株高50~80cm。具肉质根，叶从根茎抽出，丛生具长柄，心形，绿色，叶脉较为明显。佛焰苞颜色鲜红，广心形，形似掌，故名红掌；肉穗花序，圆柱状，直立，如蜡烛，又名花烛；佛焰苞颜色丰富，有鲜红、粉红、绿、白等色。

生长习性

喜温热多湿环境，忌干旱和强光暴晒。

文化

新店开张或婚礼喜庆时，人们用红掌装点花篮，以增添欢乐的气氛。擅长花道的日本人将它冠以"大红团扇"的美誉。

1	2
	3

1、2. 花叶特写
3. 花细部特写

设计应用

观赏花卉

红掌花朵艺术感强，花色鲜艳漂亮，是园林中较为名贵的观赏花卉。

庭院观赏花卉

红掌叶色亮丽，花形独特，充满了艺术感和景观情趣，是庭院美化的理想花卉，花开时节，满院生机。

盆栽观赏花卉

红掌是较为名贵的观赏花卉，常用的盆栽观赏花卉，置放于室内及阳台等空间，绿化、美化环境，增添生活情趣。

花坛

红掌花色品种丰富，是营建花坛的理想花卉，可与其他不同形体尺度的景观植物组合作花坛，应用于各类景观空间中，组合效果良好。

搭配造景

在与其他景观植物搭配造景时，常用作前景层面花卉，后以高大花卉或花灌木作背景。

1	1．作盆栽观赏花卉
2	2．用于室内作观赏花卉
3	3．作温室栽培植物
4	4．作切花材料

|银叶菊|

名　称：银叶菊
别　名：雪叶菊
拉丁名：*Senecio cineraria*
科　属：菊科 千里光属

识别

多年生，株高15~40cm，植株多分枝；全株被白色绒毛，呈银灰色。叶一至二回羽状深裂；头状花序成伞房状，花小，黄色。

生长习性

喜凉爽湿润、阳光充足的环境。

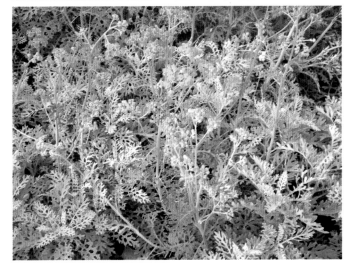

① 1. 丛植景观效果
② 2. 叶部特写
③ 3. 花叶

设计应用

观叶植物

银叶菊颜色独特，形体统一，是园林绿化中常用的优秀观叶植物。

花坛

银叶菊是优质的观叶植物，其银白色的叶片远看是一道亮丽的植物风景，形体尺度齐整而小，常作花坛镶边材料，与其他色彩的花卉或彩叶植物搭配，用作平面花坛、立体花坛、主题花雕等，观赏效果极佳。

花境

银叶菊适合与其他不同色彩、不同尺度的植物组合用作混合花境。

1　2　1. 用作花坛　　2. 搭配作花带
3　4　3. 园景观赏花卉　· 4. 作花坛镶边

阳台及屋顶花园

银叶菊也常被用作阳台、屋顶花园、庭院等小尺度景观空间的景观营造。

盆栽观赏花卉

银叶菊观赏效果极佳，适应性强，是理想的盆栽花卉，盆栽置放于阳台、花园、广场等区域供观赏。

搭配造景

银叶菊尺度较小，在与其他景观植物组合造景时，常用作前景观赏植物或地被植物。

菊花专类园

银叶菊叶色独特，环境适应性强，适合与其他菊科植物组合用作专类观赏主题园，用于植物园、公园、风景旅游区等景观项目中。

|旅人蕉|

名　称:旅人蕉
别　名:扇芭蕉
拉丁名: *Ravenala madagascariensis*
科　属:芭蕉科 旅人蕉属

识别

常绿乔木状多年生草本，高达5~8m。主茎直立，叶柄较长，两行排列于茎顶，叶形大，长椭圆形，多叶组合成扇状，叶面深绿色。花白色，离生，花序轴每边有5~6枚佛焰苞，长25~35cm，成蝎尾状聚伞花序；蒴果木质。

生长习性
喜光，不耐寒，喜温暖湿润气候。

文化

旅人蕉在原生地的生长方向是永远指向一个方向，这是它成为"旅人蕉"的原因，一方面可以指引旅人方向，一方面可以为旅人提供水。

1　1. 叶茎
2　2. 茎特写

观赏植物

旅人蕉造型艺术，形态优美，是城市园林绿化中重要的观赏植物；宜孤植或自由散植作观赏植物，应用于街道、校园、街道、广场、公园、居住区、旅游景区等众多景观项目中，深受人们喜爱。

风景观赏林

旅人蕉形态美丽，宜自由丛植作观赏林，栽植于自然坡地、水域岸边等区域，适合应用于风景旅游景区、自然风景公园、城市公园、居住区等景观项目中。

庭院观赏植物

旅人蕉适合在花园外围、庭院、园路两旁、道路隔离带、滨水岸边等区域自由栽植作观赏植物，枝叶茂密，造型奇特，观赏效果良好。

搭配造景

宜作背景树与其他灌木及观赏花卉组合造景，组合列植应用于街道、园路两侧、墙体沿线、庭院角隅等区域，自由丛植应用于居住区、公园、风景区等项目中；旅人蕉在与其他高大景观乔木组合造景时，通常作前景观赏植物，以常绿树木或色叶乔木作背景。

|芭蕉|

名　　称:芭蕉
别　　名:绿天、扇仙、甘蕉、板蕉
拉丁名:*Musa basjoo*
科　　属:芭蕉科 芭蕉属

1	
2	3

1. 丛植全貌
2. 茎细部特写
3. 花苞细部特写

识别

　　主茎直立，株高可达2~4m。主干端直，叶柄粗壮，叶围绕主干螺旋状排列，叶片长椭圆状，先端钝，基部圆形或不对称，长可达2~3m，深绿色，有光泽。穗状花序顶生，下垂，苞片红褐色或紫色；浆果三棱状，长圆形，长5~7cm。

生长习性
　　喜温暖湿润气候，不耐寒。

文化

　　芭蕉果实长在同一根圆茎上，一挂与一挂紧挨在一起，有的民族将芭蕉看做团结、友谊的象征。

设计应用

观赏灌木

芭蕉枝叶开阔，树形大气，适合自由状散植或丛植，用于绿地开阔处、水畔、向阳坡地、建筑前沿、路缘等景观空间。

庭院观赏植物

芭蕉是重要的文化造园植物，常用于庭院角隅、花窗前、水畔、亭石旁等区域作观赏植物。

花坛

芭蕉常用作花坛的中心视觉焦点，或以芭蕉为圆心，以同心圆形式摆放其他花木。

盆栽观赏树种

在北方地区，常用作盆栽观赏植物，并且广泛应用于建筑入口以及尺度较大的室内空间，丰富景观空间，深受人们喜爱。

与灌木搭配

常以自由丛状散植或等距列植用作背景层面观赏植物，前植小型花灌木，与灌木交错融合，相得益彰，层次分明，组合效果良好。

与乔木搭配

以常绿乔木为背景，预留开阔的前景空间，自由形带状丛植作中前景层面观赏灌木，前植应季花卉活跃气氛，空间错落有致，视觉变化丰富。

1 　1. 作中景层面观赏植物
2 　2. 用于交通环岛绿化造景

中文索引

盛永利

大地风景国际咨询集团 合伙人
大地风景旅游景观规划院 规划设计总监
读道创意机构 创始人兼 CEO

微博：@ 盛永利
邮箱：shengyongli@126.com

　　出生于内蒙古，中国新锐规划设计师。拥有规划学、建筑学、经济学、市场营销及土地运营的多重教育和专业背景。2000 年开始从事规划设计的研究与实践。在 10 年多的从业时间里，对中国及世界 160 多个优秀城市进行了实地考察及重要项目研究，与国内外一流的大学及设计机构合作完成过多项在业内有影响力的项目。注重在资源整合的基础上对项目实操性及全程服务性，在规划设计界率先提出 "土地综合规划及实施运营" 模式，并成功负责操作西安曲江、沈阳棋盘山、丝宝武汉高尔夫地块、北京凤凰岭、天津团泊湖、青岛藏马山、杭州环西湖、九寨沟、华清池、鄂尔多斯文化产业园等业内品牌项目。已完成的近 60 多个项目规划中，一直履行着对自己的承诺："不辜负每一块土地的期望"始终相信 "设计就是力量"。

出版图书：
《图解景观植物设计·乔木篇》机械工业出版社 2008
《图解景观植物设计·灌木篇》机械工业出版社 2009
《图解景观植物设计·花卉篇》机械工业出版社 2009
《TOLD 模式：旅游导向型土地综合开发》北京大学出版社出版 2010
《TOLD 模式：引爆中国旅游地产》北京大学出版社出版 2011
《谁的地产被旅游照亮》化学工业出版社出版 2012